リー・アラン・ダガトキン＋
リュドミラ・トルート

LEE ALAN DUGATKIN + LUDMILA TRUT

HOW TO TAME A FOX
(AND BUILD A DOG)

VISIONARY SCIENTISTS AND A SIBERIAN TALE
OF JUMP-STARTED EVOLUTION

キツネを飼いならす

知られざる生物学者と
驚くべき家畜化実験の物語

高里ひろ 訳

青土社

図1. ノボシビルスク近郊のキツネ飼育場で夏の日陰を楽しむ飼いならされたキツネ。

図2. 植物の後ろからのぞき見る好奇心旺盛な飼いならされたキツネ。

図3. くつろいでいる飼いならされたキツネ。シベリアの冬は厳しい寒さだが、夏はかなり暑くなる。

図4. 遊んでいる飼いならされた子ギツネ。飼いならされたキツネたちの遊びは40年以上にわたり研究の対象となっている。

図5. 人間の肩に顔をのせる飼いならされたキツネ。飼いならされたキツネと人間との絆は、キツネ飼育の実験初期から現れた。

図6. 左からリュドミラ・トルート、オーブリー・マニング、ドミトリ・ベリャーエフ、ガリーナ・キセレワ 。ベンチに座っている彼らの前にいるのは従順なキツネの一匹だ。リュドミラがこのベンチに座っていたときに、プシンカが侵入者に向かって吠えた。

図7. 風船のおもちゃを口にくわえた飼いならされたキツネ2匹。キツネたちはくわえられるものなら何でもおもちゃにする。

図8. 冬の雪の中で遊ぶ2匹の飼いならされたキツネ。飼いならされたキツネは対象遊びだけでなく、社会的遊びも非常に楽しんでいる。

図9. キツネ飼育場でキツネを運ぶ職員二人。キツネ飼育場の冬の昼は短く、寒さは非常に厳しい。

図10. イリーナ・ムハメッジナがリーシュをつけて散歩させる2匹の飼いならされた子ギツネ。従順なキツネはリーシュをつけて散歩されることもあり、驚くほどイヌに似たふるまいをする。

図11. 飼いならされた美しいキツネ。写真提供：細胞学遺伝学研究所

図12. リュドミラ・トルートと彼女が愛する飼いならされたキツネの1匹。

図13. のんびりと散歩する飼いならされた子ギツネ。

図14. 2匹の飼いならされた子ギツネを抱きしめるタチャナ・セメノワ。

図15. イリーナ・ムハメッジナと遊ぶ飼いならされた子ギツネたち。

図16. 3匹で並んで座っているかわいらしい飼いならされた子ギツネ。

キツネを飼いならす

目次

本文中〔　〕で囲んだ部分は訳者による注である。

キツネを飼いならす

知られざる生物学者と驚くべき家畜化実験の物語

先見の明を発揮した科学者でありカリスマ的リーダー、何よりも親切な人だった
ドミトリ・ベリャーエフの想い出に捧げる。

序論　なぜキツネはイヌのようになれないのか？

完璧な犬を一からつくるとする。そのつくり方の鍵となる材料は何か？　忠誠心と頭のよさは必須だ。かわいらしさも必要だし、やさしい目や、飼い主のあなたに会えると思っただけでうれしそうに振られる、くるっと丸まったふさふさの尻尾も欲しい。そして「ぼくは美しくないけど、あなたのことを愛しているし、あなたが必要なんだよ」と大声で叫んでいるような、雑種犬らしいぶち模様の被毛も、入れたくなるだろう。

じつを言うと、わざわざつくる必要はない。リュドミラ・トルート（本書の共著者）とドミトリ・べリャーエフがすでにつくってくれた。完璧な犬。ただしそれはイヌではなく、キツネなのだ。飼いならされたキツネ。それも新たな生き物をつくるにしては、とんでもない速さでつくった。かかったのは六十年足らず、われわれの祖先がオオカミを家畜化してイヌにしたときにかかった時間にくらべたら、ほんの一瞬だ。場所は、しばしば気温が氷点下近くまで下がるシベリア。リュドミラ、その前はべリャーエフが、きわめて長期にわたり内容もきわめて驚異的な、行動と進化についての研究をそこでおこなってきた。その結果が、人の顔をぺろぺろなめて心をわしづかみにするかわいらしく従順なキツネだ。

キツネの家畜化実験についてはこれまでにも多くの記事が書かれているが、本書は初めてその全容を詳述する本だ。愛らしいキツネ、科学者、世話係（その多くが献身的に働く地元の人々で、研究を完全には理解していないが、このためにすべてを犠牲にするほどの意気ごみだ）、実験、政治的陰謀、避けられた悲劇と避けられなかった悲劇、ラブストーリー、舞台裏のできごと。そのすべてが本書に網羅されている。実験は一九五〇年代にはじまり、今日まで続いている。だがここで一九七四年にさかのぼってみよう。

その年のある晴れたさわやかな春の日の朝、日光がまだ融けていない冬の雪を照らしていた時、リュドミラはシベリアにあるキツネ実験飼育場の小さな小屋に入っていった。彼女が連れていたのは、プシンカという名前の非凡な小柄のキツネだ。プシンカはロシア語で「小さなふわふわ毛玉」という意味で、射るような黒い目、先端が銀色の黒い被毛、左ほおに白い線が入った美しい雌ギツネだ。一歳の誕生日を迎えたばかりで、従順なふるまいと犬のような愛情の示し方でキツネ飼育場職員全員の人気者になっていた。リュドミラと彼女の共同研究者、そしてメンターであるドミトリ・ベリャーエフは、プシンカが完全にペットになるという大きな一歩を踏みだせるほど家畜化されたのか、試す時が来たと考えた。この小柄なキツネは実際に人間との共同生活をできるのだろうか?

ドミトリ・ベリャーエフはロシアにとって商業的にきわめて重要な毛皮業界で働く遺伝学者で、ビジョンをもった学者だった。ベリャーエフが研究者としてのキャリアをはじめたころ、遺伝の研究は厳しく禁じられており、彼が毛皮動物育種のポストを引き受けたのは、その仕事を隠れみのにして研究ができたからだ。プシンカが生まれる二十二年前、彼は動物行動学で前例のない実験に着手した。従順なキツネを育種しようとする実験だ。オオカミのイヌへの家畜化を、オオカミの代わりに遺伝的に近い種であるギンギツネで再現しようと考えた。キツネをイヌのような動物に変えることができれば、家畜化はどのように起きたのかという古い謎を解くことができるかもしれない。さらには人類の進化について重要な洞察を得られるかもしれない。何しろわれわれは、家畜化されたサルなのだから。

種の家畜化がいつどこで起きたのか、そして動物のおおまかな変化の段階については、化石が手掛かりを与えてくれる。とはいえ、そもそもどのように家畜化が起きたのかはわからない。人類との接触をひどく嫌う獰猛な野生動物はどのようにして、人類の祖先が育種を始められるほどおとなしくなったのだろうか？　途方もなく野生的だったわれわれの祖先はどのようにして、人類へと変化を始めたのだろうか？　ある動物から育種によって野生性をなくすというリアルタイムの実験が、それらの答えをもたらすかもしれない。

ベリャーエフの実験計画は大胆だった。種の家畜化は、何千年もかけて漸新的に起きたと考えられている。たとえ実験が数十年に及ぶとしても、意味のある結果が得られるとは予想できなかったはずだ。それでも、プシンカのようなキツネが生まれ、名前を呼ばれればそばに来て、紐をつけずに飼育場に放すことができる。プシンカは仕事をする職員らにつきまとい、シベリアのノボシビルスク郊外にある飼育場周辺の田舎道をリュドミラと散歩するのを好む。プシンカは、従順さを対象として育種された数百匹のキツネのうちの一匹に過ぎない。

リュドミラは飼育場の一角にある家でプシンカと同居を始めることによって、キツネの実験をまったく新たな領域へと導いた。十五年間にわたる従順性を対象としたキツネの遺伝子選択は明らかに効果をあげていた。ベリャーエフとリュドミラの次の目標は、リュドミラと同居することでプシンカが、イヌと飼い主が結ぶような特別な絆をリュドミラと結ぶかどうかを確かめることだった。家のなかで飼われるペットをのぞいて、ほとんどの家畜は人と親しい関係を築くことはない。ずば抜けて強い愛情と忠誠が生まれるのは、イヌとその飼い主のあいだだ。何がその違いを生むのだろう？　人とイヌとの深い絆は長い時間をかけて築かれたのだろうか？　それとも人への親近感は、リュドミラとベリャーエフがキツネで見てきたように、短いあいだに生じる変化だったのだろうか？　人馴れしたキツネなら、人といっしょに生活しても平気だろうか？

リュドミラは、生後三週間でまだ兄弟姉妹といっしょにいたプシンカをひと目見てすぐに、彼女を相棒に選んだ。プシンカの目を見つめたとき、ほかのキツネでは感じたことがないような強い結びつきを感じた。プシンカも人との接触に驚くほど積極的だった。リュドミラや飼育場の作業員が近くに寄ると、尻尾を激しく振って、うれしそうにクンクン鳴き声をあげ、明らかに立ちどまって撫でてくれと要求する目で見あげた。誰も素通りすることはできなかった。

リュドミラはプシンカが一歳になり、交尾して、妊娠してから、彼女を家で飼うことを決めた。そうすることで、リュドミラはプシンカが彼女との同居にどのように順応するかだけでなく、人がいる環境で生まれた子ギツネたちの社会化は飼育場で生まれたほかの子ギツネと異なるのかどうかも観察することができるからだ。一九七五年三月二十八日、出産予定日の十日前に、プシンカは新居に移された。

広さ七百平米の家には三つの居室と台所とバスルームがあった。リュドミラはひとつの部屋にベッド、小さなソファー、机を運びいれてそこを寝室兼仕事部屋とし、別の部屋にプシンカのねぐらをつくった。残るひと部屋は共有エリアとして、テーブルと椅子が数脚置かれて、リュドミラが食事したり、ときには研究助手やその他の訪問者が集ったりする場所となった。プシンカは室内を自由に歩きまわれた。

初日の早朝にやってきたプシンカは家中を走りまわり、部屋を出たり入ったりして、かなり興奮していた。通常、出産間際のキツネはほとんどの時間をねぐらに横たわって過ごすが、プシンカは部屋から部屋へと行ったり来たりしていた。ねぐらの床に敷かれたウッドチップを掻いて短時間横になるが、すぐに飛びおきて家をぐるぐる回る。リュドミラには馴れていて、何度も撫でてもらいに寄ってくるが、プシンカは明らかに落ち着かない様子だった。慣れない新たな環境が極度の不安をかきたてているようだ。リュドミラが自分のおやつにもってきたチーズのかけらとリンゴを食べた以外、プシンカはその日、何も食べようとしなかった。

その日の午後、リュドミラの娘マリナとマリナの友人オルガが訪ねてきた。重要な引っ越しの日に何かの助けになれればと思ってのことだった。午後十一時頃、プシンカが依然として家のなかを歩きまわっているなか、三人は就寝した。女の子ふたりはリュドミラの部屋の床に寝て毛布をかけた。三人が驚いたことに、みんながうつらうつらしはじめたころ、プシンカがそっと部屋に入ってきて女の子たちの横に寝て、リュドミラを安堵させた。彼女はそれでようやく安心して、眠りについた。

リュドミラが長期にわたるプシンカとの暮らしで発見したように、この愛らしい小柄なキツネは完全にリュドミラとの同居に慣れただけでなく、もっとも忠実なイヌに負けぬほど忠実になった。

1　大胆なアイディア

一九五二年のある日の午後、三十五歳のドミトリ・ベリャーエフは黒いスーツとネクタイというい つもの服装でモスクワからバルト海沿岸に位置するエストニアの首都タリン行の夜行列車に乗りこんだ。海をはさんだだけではあるが、当時はまったくの別の世界であったフィンランドと向かいあっているタリンは、第二次世界大戦後に西欧と東欧を分けた鉄のカーテンのこちら側に隠されていた。ベリャーエフは、信頼している科学者仲間で、彼が育種の技術を開発するために共同研究している有力キツネ飼育場の育種主任をつとめているニーナ・ソロキナと話すためにそこへ向かっていた。遺伝学者として教育を受けたベリャーエフは、モスクワにあった、政府の外国貿易省傘下の〈中央研究所〉毛皮動物育種部門の第一線の科学者として、政府が運営する多くの商業用キツネ飼育場やミンク飼育場でより美しく贅沢な毛皮が生産されるように支援していた。彼はソロキナが、動物の進化のもっとも興味を引く謎である、家畜化はどのように起きたのかについての理論を検証するのに協力してくれるだろうと期待していた。

ベリャーエフは煙草を数箱、固ゆで卵とハードサラミという簡単な食事とたくさんの本や科学論文を持参していた。貪欲な読書家で、広大なソビエト連邦の各地に点在するキツネ・ミンク飼育場を列車で訪れる際にはいつも、良質な小説や戯曲や詩集、科学の本や論文を旅の友にしていた。ヨーロッパやアメリカ合衆国で次々と出版される遺伝や動物行動についての重要な新発見や論文の最新情報を把握することに余念がなかったが、愛するロシア文学を楽しむ時間はかならずつくった。彼はとりわけ、数百年間続いた政治的混乱の時代に同胞たちが耐え忍んだ苦難について書かれた作品を愛読していた。スターリンが数十年前に権力を掌握して以来、ソビエト連邦にもたらしてきた激変にも重なる作品だ。

ベリャーエフの文学の好みは、国民的ストーリーテラーであるニコライ・レスコフの、学校に行っていない農民が教養のある目上の者を出しぬくといった内容の巧みな説話風作品から、一九一七年の革命前夜に「偉大なできごとが迫り来る」と予見したアレクサンデル・ブロークの神秘的な詩まで幅広かった。愛読書のひとつが、十九世紀ロシアの偉大な詩人、プーシキンによる史劇『ボリス・ゴドゥノフ』だった。シェイクスピアのヘンリー王を題材にした戯曲に影響を受けた教訓物語で、西欧との通商を開き、教育改革を導入したが、政敵に対しては厳しかった改革派の皇帝の激動の治世を題材にした悲劇だ。一六〇五年にゴドゥノフが発作で急死すると、動乱時代と呼ばれた時代が続いた。三百五十年前のこの動乱期は、ベリャーエフが育った一九三〇年代から一九四〇年代にかけてスターリンがもたらした荒廃と重なる。スターリンの粛清によって数百万人が殺され、誤った計画にもとづく農業政策によってソ連はくり返し飢饉に見舞われた。

スターリンはまた、遺伝研究に対する苛烈な弾圧を支持した。そのため一九五二年にロシアの遺伝学者はきわめて危険な立場にあった。ベリャーエフは自分自身にもキャリアにもリスクがあるのをわかったうえで、分野の新たな展開を追っていたのだ。科学者をかたったいかさま師のトロフィム・ルイセンコはスターリンの後押しを受け、十年以上にわたってソ連の科学コミュニティに強大な影響を及ぼし、そのおもな目標のひとつが、遺伝研究に対する容赦ない撲滅運動だった。もっとも優秀な研究者の多くが役職を解かれ、強制収容所に収監されるか辞職かを迫られて単純作業の仕事に就いた。分野の指導的立場にあったベリャーエフの兄のように、殺された人もいた。ルイセンコが権力を握る前、ロシアは遺伝学の最先端を走っていた。ソ連の遺伝学者と共同研究するチャンスのために、西側の優れた遺伝学者が何人もはるばる東にやってきていた。それが今や当時のロシアの遺伝学はぼろぼろで、本格的な研究はいっさい禁じられていた。

しかしベリャーエフはルイセンコと仲間たちに研究をじゃまされるわけにはいかないと固く決意していた。キツネとミンクの育種についての業務は、いまだ解かれていない家畜化の謎についてのあるアイディアを彼にもたらした。そしてそれは、なんとしても試さずにはいられないほどすばらしいアイディアだった。

ヒツジ、ヤギ、ブタ、ウシを家畜化したわれわれの祖先が採用した育種方法は文明にとってきわめて重要だったので、よく解明されている。ベリャーエフは毎日それらをキツネとミンクの飼育場で使っていた。しかしそもそも家畜化がどのように始まったのかという問題は謎のままだった。家畜化された動物の祖先は、野生の状態では、人が近づいたら恐怖で逃げていくか攻撃してくるかのどちらかだ。何がそれを変えて、育種を可能にしたのだろう？

ベリャーエフは、その答えを見つけたと考えた。古生物学者は、最初に家畜化された動物はイヌだと主張しており、当時すでに、イヌはオオカミから進化したということで進化生物学者の意見は一致していた。ベリャーエフは、オオカミのような生まれつき人との接触を嫌い、攻撃的になることもある動物がどのようにして数万年かけて愛らしく忠実なイヌに進化するのかという疑問に夢中になった。キツネの育種という仕事から重要なヒントを得た彼は、まだ初期段階にある仮説を試したくなった。何が家畜化のプロセスを始めさせたのか、わかったと思っていた。

ベリャーエフはタリンにニーナ・ソロキナを訪ね、大胆で前例のないプロジェクトを立ちあげる支援を求めた。彼はオオカミからイヌへの進化を模倣したいと考えた。なぜならキツネはオオカミと遺伝的に近く、オオカミからイヌへの進化に関係している遺伝子がなんであれ、ソビエト連邦中の飼育場で育てられているギンギツネと共通している可能性が高いと思われたからだ。[1]〈中央研究所〉毛皮動物育種部門の指導的研究者であったベリャーエフは、考えついた実験をおこなうのに完璧な立場にいた。ソビエト連邦は毛皮の輸出によって国庫に入る外貨を喉から手が出るほど欲しがっていたので、彼の育種の仕事は国にとってきわめて重要だった。だから実験は毛皮生産を向上させるためのものだと説明すれば、問題なく実施できるだろうと考えた。

それでも、彼が念頭に置いていたキツネの家畜化実験はじゅうぶんに危険で、モスクワにいるルイセンコの部下たちの監視から遠く離れた場所でおこなう必要があった。ベリャーエフがニーナに助けを求めたのはそういうわけだった。僻地のタリンにあるキツネ飼育場で繁殖プログラムの後援のもと、実験を開始する。ニーナとはこれまで何度か、よりつやのあり、より滑らかな毛皮を生産するプロジェクトで協力して成功させたことがあったし、彼女がとても優秀だということもわかっていた。ふたりはよい関係を築き、ベリャーエフは彼女を信用できるし、彼女も自分を信用してくれるはずだと思った。

ベリャーエフの実験計画は、小さなウイルスやバクテリア、あるいは一世代の期間が短いハエやノミを使っていたこれまでの遺伝研究ではかつてないスケールのものだった。キツネは年に一度しか繁殖しない。子ギツネの一世代をつくるのに必要な時間から、この実験は結果を出すまで何年も、あるいは何十年、それ以上の時間がかかるかもしれない。しかしベリャーエフは、関与が長期に及ぶこともリスクも承知でやってみる価値があると感じていた。もし結果を出さなくても、先駆的な研究になることは間違いない。

ドミトリ・ベリャーエフは危険に尻込みする人間ではなく、手持ちの道具をどのように利用してスターリンの規則という危険な領域を切り抜けるべきか、理解していた。第二次世界大戦が勃発したとき、ベリャーエフはすぐに志願してソ連軍に入隊し、前線では敵のドイツ軍を相手に勇敢に戦い、終戦時には弱冠二十八歳で少佐にまで出世していた。そうした軍歴と、高価で売れる豪華な毛皮を試算する、彼の毛皮動物育種技術の両方のおかげで、ベリャーエフは政府の上層部から信用され、一流の科学者であると同時に仕事のできる男だという評判を得ていた。ベリャーエフはまた、自身の人間的魅力とその力を生かして自分の評判をあげるやり方も、よくわかっていた。

ベリャーエフは力強いあご、豊かな漆黒の髪、射るように鋭いこげ茶色の目をもち、人目を引くハンサムな男だった。身長は百七十三センチだったが、自信と威厳を感じさせるふるまいで存在感を感じさせた。彼と共に働いたり、ただ会っただけの人でも、どんな人かと訊かれれば、誰もがその目の並外れた力強さをあげる。「彼に見つめられると、すっかり見抜かれて心を読まれる。彼のオフィスに行くのを嫌がる人がいたが、それは何かミスしたり罰せられるのをおそれていたりするからではなかった。彼の目、そのまなざしをおそれていたのだ」ベリャーエフはこの力をよくわかっていて、人と話すときには相手をじっと見つめていた。彼に隠しごとをしたりだましたりするのは不可能だと思われた。

優れた仕事を求める彼の姿勢に一部の同僚科学者らは大きな影響を受け、その多くが彼を熱烈に崇拝した。ベリャーエフは彼らに自信をもたせて最高の仕事をするように後押しし、いつも彼らとともに新たな探究の道を探っていた。活気ある議論の価値をよく理解し、異なる意見の出るオープンな議論を促し、アイディアをああでもないこうでもないとひねり回すのを好んだ。しかし彼の強烈でとどまることを知らない活力にたじろいだり、責任逃れや噂話や陰謀を嫌悪する彼をおそれたりして、そのリーダーシップにあまり感心しない同僚もいた。ベリャーエフは、一流の仕事を期待でき、かつ頼りになる人間は誰か、そうでない人間は誰かをよくわかっていた。ニーナ・ソロキナは両方の意味で彼が信じられる人物だった。

長旅を終えてタリンで鉄道を下車したベリャーエフは、地元のバスに乗りこみ、道路という名前で呼ぶのをためらうほどがたがたの道しかない多くの小村を通りぬけ、南へと向かった。彼の目的地はコヒーラという小さな集落で、エストニアの森の奥にあった。村というよりは企業の前哨地であったコヒーラには、数十の大規模毛皮動物飼育場が点在していた。[2]百五十エーカーの土地に広がる飼育場には、金属屋根で細長い木造建物が数十棟並び、それぞれ数十のケージがあって、千五百匹のギンギツネが飼育されていた。職員とその家族は飼育場から徒歩十分の場所にある、殺風景な集合住宅と小さな学校、二、三の商店と社交クラブが二つといった簡素な共同体に住んでいた。

ニーナ・ソロキナは僻地の前哨地のわびしい風景とは不似合いの人物だった。彼女は黒髪の美人で、三十代半ば、鋭い知性をもち仕事熱心で、毛皮産業という重要な業界で女性としては有力な地位を占めていた。もてなし上手で、ベリャーエフが飼育場を訪ねるとかならず自分のオフィスでお茶をふるまってくれた。ベリャーエフが長旅の末に到着すると、ふたりはすぐに彼女のオフィスに行って二人で話し合った。お茶とケーキを楽しみながら、いつものくわえ煙草で、彼はギンギツネを家畜化するという計画を打ち明けた。頭がどうかしていると思われても、おかしくなかった。毛皮動物飼育場にいるキツネの大部分はきわめて攻撃的で、世話係や繁殖係が近づくと、激しくうなり、鋭い牙をむきだしにして飛びかかってくる。キツネは咬むとき、容赦しない。ニーナも繁殖係のチームの人も、キツネに近づくときには前腕の半分まで覆う厚さ五センチの手袋をしている。しかしニーナは興味をもち、なぜその実験をやりたいのかとベリャーエフに質問した。

自分はずっと、家畜化についていまだ解明されていない謎に強い関心をいだいてきた、とりわけ、なぜ家畜化された動物は、祖先の野生種ではめったに起きないのに、年に一度以上繁殖できるのかという謎に引きつけられてきた、とベリャーエフは言った。もしキツネを家畜化することができれば、今よりも頻繁な繁殖が可能になり、それはビジネスにとっても有意義だろう。この答えは真実だったが、同時にニーナと彼女の繁殖チームにとってのよい隠れみのでもあった。何をしているのかと誰かに訊かれたときでも、毛皮の品質向上および子ギツネの年間出生数増加が可能かどうか、キツネの行動とキツネの生理を研究していると返答できる。それらはルイセンコにも許容される研究分野だった。当局は反対できないはずだ。

ベリャーエフはさらに詳しい説明をしてニーナを危険にさらしたくなかった。もし実験がうまくいけば、あらゆる種の家畜化についての重要な謎の多くに答えが出るかもしれない、というのが彼の真の目的だった。ベリャーエフは動物がどのようにして家畜化されたのかについてわかっていることを研究すれば研究するほど、その謎にますます引きつけられ、そしてそれらの謎は、彼が計画している実験によってのみ解明されると確信した。それ以外の方法で、「どのようにして家畜化が始まったのか?」といった謎の答えが見つかるはずがない。このプロセスの最初の段階についての文献は存在しない。イヌのようなオオカミや家畜化された早期のウマといった、家畜化の初期段階の化石は見つかっているが、そもそもプロセスがどのように始まったのかについては、ほとんどわからない。いつかは、動物の生理の最初の変化は何だったのかを立証する化石が見つかるかもしれないが、それでも、どのように、そしてなぜ変化が出現したのかという謎は残る。

家畜化についてはほかにも多数の謎が未解明のままだ。そのひとつは、「なぜ地球上にいる数百万種の動物のなかから、わずかな数の動物しか家畜化されなかったのか?」というものだ。家畜化されたのはわずか数十種、ほとんどが哺乳類で、一部が魚類と鳥類、そしてカイコやミツバチをふくむ昆虫類だ。さらに、「なぜ家畜化された哺乳類に起きた変化はよく似ているのか?」という謎もある。ベリャーエフの憧れの科学者ダーウィンが述べたとおり、家畜化された哺乳類のほとんどには、被毛や皮に異なる色柄——点、ぶち、白ぶち、その他のしるし——が現れる。また多くが、野生の種なら成長にともなって失われる幼体のころの身体的形質を成体になっても保つ。幼形成熟(ネオテニー)といわれる、たとえば垂れた耳、丸まった尻尾、幼い顔立ちといった、幼い動物をかわいらしく見せている形質だ。なぜそうした形質が繁殖者によって選択されるのだろうか? ウシを飼育している農民は、その皮が白黒のぶち模様でも何も得ることはないはずだ。なぜブタ農家はブタの尻尾がくるりと丸まっているかどうかを気にするのか?

そうした動物の形質の変化は、人による育種の一環である人為選択プロセスによって現れるのではなく、自然選択によるものなのかもしれない。自然選択は、野生の環境より緩和はされるが、種が家畜化された以降も続く。野生の動物の被毛や皮にはさまざまな種類のぶちや縞やその他の柄が現れ、それらはたいてい敵から身を隠すのに役立つ。しかし家畜に現れるぶちや柄は身を隠すためではない。それならなぜ自然選択で有利になるのだろう? 何か別の答えがあるはずだ。

家畜化された動物のもうひとつの共通点は、その交尾能力だ。すべての野生動物は一年のある期間内に繁殖する。なかにはその期間が数日と短い種もいれば、数週間、数カ月続く種もいる。たとえばオオカミは一月から三月のあいだに繁殖する。キツネは一月から二月後半だ。この期間は生存に最適な状況と一致する。子が生まれるのは、気温、日照、食料の豊富さによって生き残る可能性がもっとも高くなる時期だ。対照的に、多くの家畜化された種では、一年中いつでも交尾がおこなわれて、多くの場合、一年に複数回交尾する。なぜ家畜化は、動物の生殖の生態のこのような大きな変化につながったのだろうか？

ベリャーエフは、こうした家畜化についての説明のつかない問いへの答えは、あらゆる家畜のもっとも重要な決定的形質である従順さに関係するはずだと考えた。家畜化のプロセスは、われわれの祖先がこの鍵となる形質――同じ種のなかでもあまり攻撃的ではなく人間を恐れないこと――を選択することによって進んできたのだと、彼は推論した。従順さというこの形質は、動物をほかの望ましい形質を対象として育種するうえで、絶対に必要な条件だった。人間がその動物に求めるものが乳であれ、肉であれ、見張りであれ、仲間であれ、ウシやウマ、ヤギやヒツジ、ブタ、イヌやネコは温厚で、主人に対しておとなしくなければならなかった。自分の食料に踏みつぶされたり、番犬にけがをさせられたりするのは望ましくない。

ベリャーエフはニーナに、キツネやミンクの育種の仕事で気づいたことを説明した。ほとんどの個体はきわめて攻撃的であるか、人をこわがったりするかのどちらかだが、ごく一部、人が近づいてもおとなしい個体がいる。そうした個体は、おとなしくなるように繁殖されたわけではないから、その性質は集団における生まれつきの行動の変異の一部なのだろう。あらゆる家畜化の原型も、こうしたことだったのだろう、とベリャーエフは仮定した。そして進化の過程で、われわれの祖先が動物をその従順さを対象とする飼育・選択をしたことで、動物はどんどんおとなしくなっていった。家畜化に関連するその他の変化はすべて、この従順性の行動選択圧によって引き起こされたのだと、彼は考えた。人間を避けたり人間に攻撃的になったりすることが生存に有利ではなくなり、人間のまわりでおとなしいことが優位になった。人間と接触して暮らす動物たちは食料へのアクセスがより確実になり、捕食者からもより保護されていた。ベリャーエフは、従順さを対象とする選択が、動物たちに起きたその他の遺伝子変化をどのようにして引き起こしたのかはまだ確信はしていなかったが、やがてその答えをもたらすであろう実験を構想した。

ニーナは熱心に耳を傾けた。彼女もやはり、ほんの一握りだが、人が近づいても落ち着いているキツネがいることに気づいていた。ベリャーエフの仮説には興味をそそられた。ベリャーエフは、ニーナとその繁殖チームにやってほしいことを説明した。毎年、一月後半の繁殖時期にコヒーラでもっともおとなしいキツネを二、三匹選び、交尾させる。そのように選ばれたキツネたちから生まれた子ギツネから、ふたたびもっともおとなしい個体を選び、繁殖させる。ある世代と次の世代の変化はわずかで、一見しただけでは気がつかないかもしれない、しかし最善の判断をするべきだ。あるいはこの方法によって、生まれてくるキツネがどんどんおとなしくなり、家畜化の最初の一歩になるかもしれない、とベリャーエフは言った。

従順さの評価は、人がケージに近づいたときや、目の前に手を差し出したときのキツネの反応を注意深く観察することによっておこなう。丈夫な棒をケージの隙間から差し入れて、キツネがそれに攻撃するかしないかを見てもいい。しかし方法はニーナたちに任せるとベリャーエフは言った。ニーナも、ベリャーエフのアイディアには試してみる価値があると信じていた。

彼女が同意する前に、ベリャーエフは危険について話した。ルイセンコの支配下で家畜化の遺伝実験をすることの危険をニーナはわかっているが、それでも慎重に考える必要があると彼はあらためて強調した。このアイディアは彼女のチーム以外には明らかにしないほうがいい、そして何をしているのかと質問されたら、実験の目的は毛皮の品質向上と毎年の子ギツネの出生数増加が可能かどうか見極める実験だと言えばいいと、ベリャーエフは提案した。

ニーナは彼に協力すると即答した。彼女とチームはすぐに仕事に取りかかった。

ニーナの実験協力の同意は、ベリャーエフにとって大きなことだった。この実験が重要な研究のはじまりとなり、家畜化についての彼の考えが正しければ、その研究が画期的発見につながるかもしれないと、ベリャーエフは期待していた。またソビエトの革新的な遺伝学の伝統を生かしつづけるということにもなる。それは彼にとっては切迫した使命だった。

ベリャーエフは自分たちの世代の科学者が伝統をよみがえらせなければならないと確信していた。この実験は、自分の役割としてできる最良のことだ。彼と仲間の遺伝学者らは、これ以上ルイセンコたちに本格的な研究を妨げられるわけにはいかない。まもなく西側の科学者らが遺伝暗号を解読し、遺伝子がどのようにつくられ、動物の発達のすべてを決定するメッセージを細胞に伝達し、日常に影響を与えているかを解き明かすだろう。ソビエト連邦の遺伝学者もこの新たな科学革命に貢献する必要がある。兄や多くの科学者らがキャリアを、ときには命を捧げてきた先駆的業績を土台にあらためて遺伝学研究をつくりあげるべき時がやってきた。

遺伝学のために命を捧げた先駆者のひとりが、ベリャーエフが家畜化の研究に取り組むうえで大きな励みになってくれた。ニコライ・バビロフは栽培植物の発祥についての理解を深め、世界でも指折りの植物探検家でもあった。バビロフは六十四ヵ国を旅して世界の、そしてロシアの重要な食料源となっている植物の種を収集した。バビロフの生前、ロシアは三回もひどい飢饉に見舞われ、数百万人が死亡した。彼は一九一六年から種を集めはじめ、その業績は高い水準の研究と粘り強さにもとづいていて、ベリャーエフはそれらを見習いたいと思っていた。バビロフはキャリアを始めたばかりの頃に、とてつもない喪失に見舞われた。イングランドで世界の第一線の科学者らとともに研究して、今後の研究用に大量の植物標本をもって帰国する途中、乗った船がドイツ軍の機雷に触れ、沈没したのだ。植物標本はすべて失われた。[3]

バビロフはへこたれることなく、病気に強い作物品種を探す新たな研究プログラムを立ちあげた。やがて彼は世界各地の栽培作物のサンプルを収集した。人里離れたジャングルや森、高山に足を踏み入れ、栽培作物の起源を探した。[4] 一日に四時間しか眠らないという噂のあったバビロフは、それによってできた時間を利用して三百五十以上の論文および数え切れないほどの書籍を執筆し、十以上の言語を習得した。自分が研究している植物について地元の農民や村人らが知っていることをひとつ残らず学ぶために、彼らと直接話したかったからだ。

バビロフの収集の冒険は伝説になり、一九二六年にはイランとアフガニスタンへの旅から始まって一九二一年にはカナダとアメリカ合衆国を訪れ、一九二六年にはエリトリア、エジプト、キプロス、クレタとイエメン、一九二九年には中国を訪問した。[5] 最初の旅では、荷物のなかに二、三冊ドイツ語の教科書があったために、イラン－ロシア国境で拘束されスパイ容疑で訴えられた。中央アジアのパルミール地方では、案内人に見捨てられ、キャラバンに置き去りにされ、強盗に襲われた。アフガニスタン国境への旅では、列車の連結部を歩いているときに落ちて、列車が走っているあいだ肘だけでつられていたこともあった。

シリア訪問時にはマラリアとチフスを罹患したが、収集の旅を続けた。彼の伝記作家のひとりは、その超人的な熱意について次のように書いた。「六週間、彼は外套を脱がなかった。日中は外出して採取をおこなった。夜は地元民の小屋の床に倒れるように寝た……旅程のあいだずっと赤痢に苦しめられたが数千の標本を持ち帰った」実際、バビロフは史上もっとも多くの生きた植物を集めた人物であり、ほかの人々が彼の仕事を引き継げるように数百の現地拠点を設立した。バビロフは植物種の膨大なコレクションを使い、世界の栽培種の起源中心地八カ所（中国、インド、中央アジア、小アジア、地中海、アビシニア、中南米）を特定した。

バビロフは一九二〇年代には、彼にとっても重要な使命であった、作物収量の向上に役立つ研究をおこなっていた若いルイセンコと親しくなっている。バビロフは当初、ルイセンコの植物育種の研究にいたく感心して、彼をウクライナ科学アカデミーのメンバーに推薦までした。ルイセンコがスターリンの関心を引いたのは、作物収量を向上させるという彼の主張だった。ソ連科学界でルイセンコが権力の座に就いたことは、ベリャーエフの愛読するプーシキンの物語に値する悲劇だった。

すべてのはじまりは、一九二〇年代半ばに共産党指導部が教育を受けていないプロレタリアートの人々を多数、科学界の権力をもつ地位につけたことだった。それは長い帝政で富裕者と労働者と農民の階級区分が固定化したことの反省から、「普通の人」を称えるプログラムの一貫だった。ウクライナで農民の両親のもとに生まれ育ったルイセンコは、この条件にかなっていた。[6] 彼は十三歳になるまで読み書きも習ったことがなく、大学の学位ももたなかったが、園芸学校と見なされるところで学び、同等の学位を取得した。[7] 作物育種で彼が受けた唯一の訓練は、サトウダイコンの耕作についての短い講座だった。[8] 一九二五年、ルイセンコはアゼルバイジャンのギャンジャ育種試験所の中間レベルの職に就き、マメの播種を研究した。彼は農民科学者の奇跡を紹介するちょうちん記事を執筆していた〈プラウダ〉の記者[10]に、自分のマメの収量は平均をはるかに超え、自分のテクニックが食糧不足の国を救うと信じさせた。記者が書いたきわめて好意的な記事は次のように述べる。「はだしの教授ルイセンコには信奉者がいて……農学の優れた指導者らが訪ねてきて……ありがたそうに彼と握手する」[11]記事はまったくのフィクションだった。しかしこれによってルイセンコは全国的注目を集めた。ヨセフ・スターリンもそのひとりだった。

ルイセンコの主張によれば、彼がおこなった一連の実験で、小麦や大麦を含む穀類作物の種を播く前に凍らせたところ、寒冷な気候下における収量が激増したということだった。この農法を使えば、わずか数年でウクライナの農地の収量を二倍にできると彼は主張した。ルイセンコは実際には、収量増についての本格的な実験をおこなったことは一度もなかった。彼が得たと称する「データ」は、ただの捏造だった。

スターリンの後押しを受け、ルイセンコは遺伝学の業績を否定する運動を開始した。進化の遺伝子理論の証拠によって自分がペテン師だとばれることをおそれたのがその一因だった。彼は西側、そしてソ連の遺伝学を反体制的だと激しく非難し、スターリンをおおいによろこばせた。一九三五年にクレムリンで開催された農業会議において、ルイセンコが遺伝学者を「サボタージュをおこなう者」と呼ぶ激しい演説が終わると、スターリンは立ちあがって、「ブラボー、同志ルイセンコ、ブラボー」と叫んだ。[12]はじめはルイセンコにだまされていたバビロフはやがて、彼の主張を精査し、その実験結果に疑いをいだき、ルイセンコの結果を再現できるかどうか研究してくれと生徒に依頼した。一九三一年から一九三五年までおこなわれた一連の実験によって、ルイセンコの主張は誤りであることが証明された。[13]

ルイセンコがペテン師だと明らかにしたことで、バビロフはおそれしらずの敵になった。その報復で一九三三年、スターリンの中央委員会はバビロフの出国を禁止し、バビロフは政府の代弁者である〈プラウダ〉で公式に非難された。ルイセンコはバビロフとその生徒に対して、「そうした間違ったデータが一掃されるとき……その意味を理解できない人たち」もまた、「一掃される」と警告した。[14] 一九三九年、全連邦植物育成研究所の会合で演説したバビロフは、「われわれの足元に薪が置かれようとも、それが焼やされようとも、信念から撤退することはしない」と宣言した。[15] その直後の一九四〇年、ウクライナを旅行中のバビロフは黒いスーツを着た四人の男に拘束され、モスクワの監獄に収容された。作物植物の標本二十五万点を集め、何度も死を逃れ、祖国の飢饉を解決しようと働いた人物はそこで、三年間かけて餓死させられた。

ベリャーエフはバビロフの著作を貪るように読んだ。彼の功績と敢然と遺伝学を守ろうとしたことに敬服した。キツネの家畜化プロジェクトが、バビロフの示した革新と不屈の精神を生かしつづける一助となってくれたらいい、バビロフならきっと賛成してくれるはずだと思った。

ルイセンコのせいで悲劇的な運命をたどった兄のニコライも、キツネ家畜化実験にもろ手をあげて賛成してくれたに違いないとベリャーエフにはわかっていた。ベリャーエフ一家は一九一七年の革命以来、何度も激しい弾圧に見舞われたが、みずからの信念に忠実でありつづけた。

ベリャーエフの父親、コンスタンティンは、モスクワの南、広大な牧草地と豊かな森の美しい風景に囲まれた人口数百人の村、プロタソボの教区司祭だった。話によれば、彼は村人に慕われていたらしい。だがソビエトの当局はそうではなかった。一九一七年の革命後、政府は無神論を宣言した。宗教に対する激しい弾圧がおこなわれ、教会財産は押収され、信者は嫌がらせをされた。父親は何度も牢に入れられた。

一九二七年、ドミトリが十歳の頃、聖職者に対する嫌がらせがひどくなり、両親は息子の安全を心配した。ドミトリは、十八歳年上ですでに結婚してモスクワに住んでいたニコライと同居するため、プロタソボ村を離れることになった。さいわいニコライは、宗教に対する弾圧によって司祭の息子の入学が禁じられる前にモスクワ国立大学に入学していた。彼は新しい遺伝学を専攻し、蝶の研究をおこなっていた。

ドミトリはニコライを崇拝し、ニコライが大学から帰宅すると、蝶の標本の分類を手伝った。そんなときニコライは弟に、遺伝学者が変身のような驚くべき事象を解明するのに、これらの繊細な生き物がどのように役立つのか、語り聞かせた。ドミトリが兄と同居するようになったとき、ニコライはコルツォフ実験生物学研究所で研究をおこない、国内でもっとも尊敬された著名な遺伝学者であるセルゲイ・チェトベリコフの研究室に勤務していた。[16] チェトベリコフの研究室は優秀な科学者を輩出しており、ニコライは彼のお気に入りの弟子として、周囲からは、ロシア遺伝学の次の時代を率いるはずの人物だと見られていた。毎週水曜日、チェトベリコフ研究室のメンバーは集まってお茶を飲み、最新の発見について話していた。ニコライはたびたびドミトリをこの会合に連れていった。ドミトリは後ろのほうに座って、しばしば大声交じりになる議論の熱気に魅了されていた。彼はこの会合を「怒声会合」と呼んでいた。

ニコライ・ベリャーエフの評判は上昇し、一九二八年、彼はウズベキスタンのタシケントにある中央アジア絹研究機関の仕事を任され、彼はそこでカイコの遺伝子の研究をおこなった。これは重要な役職だった。絹生産の向上はソビエトの産業にとって恵みになる。ドミトリは兄の学者としての道を追いたいと思っていたが、次はモスクワに住む姉のオルガ一家と同居することになった。一家には二人の子供がいて家計のやりくりに苦労していたので、ドミトリは電気技師になるための訓練を受けるため七年間の職業訓練プログラムに入った。[17] それでもまだ大学教育を受けられるかもしれないと思っていたが、十七歳でモスクワ国立大学に入学願書を提出したドミトリは、いきなり夢を打ち砕く返事を受け取った。大学はもう司祭の息子を入学させていなかった。ドミトリは代わりに職業訓練大学に通うしかなく、イワノワ国立農業学校に入学した。少なくとも農学校で生物学を学べて、一流の科学者がやってきて遺伝学の最新の進歩について授業をおこなっていた。

一九三七年の冬、ベリャーエフ一家はニコライが行方不明になったという知らせを受け取った。ニコライのカイコの遺伝子についての研究は重要な結果をもたらし、彼はトビリシにある政府出資による機関の長に任命された。一九三七年の秋、ニコライはモスクワの家族や友人を訪れた際、トビリシで彼の同僚である遺伝学者の逮捕が始まったという警告を受けていた。ニコライは危険を承知で、妻と十二歳の息子のためにトビリシに戻った。何年もたってからベリャーエフ一家は、戻った直後にニコライと妻が逮捕されていたことを知った。一九三七年十一月、ニコライは処刑された。[18] 母親はニコライの妻を何年も探しつづけ、ようやくバイスク市近くの監獄に送られていたとわかったが、彼女と接触することも、孫がどうなったのかを知ることもできなかった。

ニコライの行方不明と殺害は、ルイセンコをペテン師として否定するというベリャーエフの決意をさらに固くした。慎重に進める必要があることはわかっていた。ベリャーエフが学校を卒業する頃、恩師の教授のひとりがモスクワの〈中央研究所〉の部門長になった。ベリャーエフが一九三九年に卒業するとその教授が用意してくれた上級実験技術者としての仕事に就き、輸出用の美しい被毛をもったギンギツネの育種をおこなった。一年もたたないうちに第二次世界大戦がはじまった。出征したベリャーエフは、前線における激戦で四年間に何度も命にかかわる怪我を負いながらも際立った功績をあげたため、終戦後、軍は彼の任を解くことに難色を示した。しかしベリャーエフのキツネ育種の仕事は外国貿易省にきわめて重要視されていたため、彼は退役して研究所に復帰し、やがて選択育種部の長に任命された。育種の仕事における優れた功績によって輝かしい評判を打ち立てたベリャーエフは自信を深め、ルイセンコに対して公然と反対論を述べることができると感じ、それを実践した。

一九四八年七月、スターリンの反知性主義および反世界主義の一環として、「自然改造」大計画がソビエト政府によって実施され、ルイセンコは生物化学に関するあらゆる政策の管理を任された。[19] まもなく一九四八年八月の全ソ・レーニン記念農業科学アカデミー総会において、ルイセンコは、ソビエトの科学史においてもっとも不正直でもっとも危険な演説と広く見なされている演説をおこなった。それは『生物化学の現状』というタイトルで、ここでもふたたび、「近代の反動的な遺伝学」、つまり近代の西側の遺伝学を激しく非難した。[20] 彼の演説が終わると、聴衆は立ちあがって大きな歓声をあげた。[21]

総会に出席していた遺伝学者らも立ちあがり、自分たちの科学知識と実践を否定しなければならなかった。そうしなかった者は共産党から除名され、仕事を失った。[22] ベリャーエフは演説の報道を読んで動揺すると同時に激怒した。ベリャーエフの妻、スベトラーナは、総会の翌日、新聞でその記事を読んだ夫が近寄ってきたときのことを憶えている。「わたしのほうに歩いてきたドミトリは、目に悲しみをたたえ、落ち着かなさそうに手にした新聞を何度も折り曲げていた」[23] その日、彼と会った同僚は、ベリャーエフが腹立たしそうにルイセンコを「科学の詐欺師」と呼んでいたのを記憶している。ベリャーエフは、友人か否かを問わず、同僚の科学者全員にルイセンコの害悪についてしきりに語りはじめた。

毛皮動物育種の仕事の重要さから、ベリャーエフが解雇される危険はなかったとはいえ、彼はルイセンコの影響力を完全に免れているというわけではなかった。モスクワのある雑誌のマンガは彼を風刺して、「地上に戻ってきなさい（現実の世界に戻ってきなさい）」というキャプションつきで、パラシュートをつけた彼が天からおりてくる様子を描いた。また、ルイセンコ支持のモスクワの科学者たちの一団が会合を開き、そこで「ベリャーエフに導かれた」反動的な科学者を激しく非難した。ベリャーエフもその会合に出席し、遺伝研究を続けることの重要性について、大胆で情熱のこもった演説をおこなった。結果として、彼はモスクワ毛皮研究所で教えることを禁止され、彼が科学誌に送った論文は即座にリジェクトされた。彼の研究費は半分に減らされ、部下は辞職し、彼は部長から上級研究員に降格された。

ベリャーエフはそれでもへこたれず、ミンクとキツネの仕事をとおして遺伝研究を続けた。その仕事の一部が、ニーナ・ソロキナがおこなっているパイロット実験について、ダーウィンの進化論の古典的解釈が示唆するよりも短期で大きな結果をもたらすのではないかという希望をいだかせた。ベリャーエフは、家畜化のプロセスとともに、数多くのさまざまな変化——垂れた耳、巻いた尻尾、ぶち、一年に一度だった交尾の回数の変化——がなぜ起きるのか、またそれらの変化がなぜ比較的短期間で起きるのかについて、ある考えをもっていた。もっとも、一九五二年にニーナ・ソロキナを訪問した際には、この仮説のことは言わなかった。その考えは誰かと共有するにはあまりにも仮の説であり、進化による変化の性質についての主流の常識に反するものだったからだ。

ダーウィンは、進化による変化は通常ごく漸進的に起き、家畜化された動物で見られる劇的な変異と関連するような変化は、蓄積するのに多くの世代を必要とすると主張した。しかしベリャーエフは、始まってまだ三十年とたたない育種プログラムによって、野生から連れてこられたミンクでは、短期間で被毛の色の驚くべき変化が起きていることに気づいた。野生のミンクの被毛はどれもこげ茶色だ。しかし突然、ベージュ、銀色がかった青、白い被毛をもつミンクが生まれた。それが何度も何度もくり返され、その頻度は突然変異のせいにできる程度を超えていた。野生のミンクはゲノム〔ある生物種を規定する遺伝子情報全体〕にそうした色の被毛をつくる遺伝子をもっているが、そうした遺伝子は不活性だったと、ベリャーエフは考えた。捕まったという環境の変化によって、毛皮の品質のために飼育されるという新たな選択圧を受け、そうした「休眠」遺伝子が活動を始めるのだという説を打ちだした。

キツネでは、以前は一部のキツネの脚に白い部分があり、それが現れなくなっていたが、後の世代で突然、今度は一部のキツネの顔に現れた。遺伝学者のなかには、不活性な遺伝子は何かの拍子で「スイッチが入る」と言ったり、たとえばキツネの白い部分の位置のように、なんらかの理由で遺伝子が異なる効果をもたらすことがあると述べたりする人もいる。ベリャーエフは、こうした種類の遺伝子活性化の変化が、家畜化にともなう多くの変化の背後にあるのではないかと考えた。つまり家畜化はおそらく、ダーウィンの進化論で暗示される標準的な解釈よりも短期間に起きた可能性がある。

ベリャーエフは、キツネの実験でそのような急速な変化が起きるのを期待した。とはいうものの、彼が間違っていて、何も見るべき結果が出ないおそれはあった。それが科学というものだ。ベリャーエフはあまりに興味深い考えを思いついたので、追求せずにはいられなかった。実験を開始した今、彼にできることはニーナからの報告を待つことだけだった。

2　もう火を吐くドラゴンはいない

ギンギツネが家畜化に向いているというベリャーエフの考えは筋が通っていた。当時の人々の多くが、オオカミとキツネは比較的時代が新しい祖先から枝分かれしたと考えていた。したがって、オオカミがイヌになったのに関連する遺伝子の一部をキツネももっているという可能性は高かった。しかしベリャーエフは、遺伝的な近さは実験が成功する保証にはならないとよくわかっていた。

動物家畜化の歴史のなかでもっとも不思議なことのひとつが、家畜化された動物の近縁種の家畜化の多くが失敗しているということだ。たとえばシマウマは、繁殖可能なほどウマとは近縁の種だ。しかしウマと遺伝的に近い関係にあるにもかかわらず、シマウマの家畜化はうまくいかなかった。十九世紀のアフリカで何度も試みられた。植民地当局によってアフリカにもちこまれたウマは、ツェツェバエが媒介する病気でどんどん死んでいたが、シマウマはそれらの病気に免疫があった。シマウマはあまりにもウマに似ているので、それをウマの代わりにするのは完璧に合理的だと思われた。ところがシマウマを繁殖しようとした人は愕然とすることになる。

シマウマは草食動物で、同じように草を食むヌーやアンテロープと共に暮らしている。彼らはライオン、チーター、ヒョウの主要な標的であり、その捕食圧によって激しい闘志をもつようになった。その蹴りは強烈だ。それでも一部の勇敢な人は、シマウマを訓練して騎乗できるくらいおとなしくさせた。活気にあふれたイギリス人動物学者ロード・ウォルター・ロスチャイルドは、シマウマの群れをロンドンに連れてきて、それを誇示するように、シマウマ四頭に牽かせた馬車でバッキンガム宮殿を訪れてみせた。しかしシマウマは実際には家畜化されなかった。多くの動物を人の命令を聞くように訓練することは可能だが、家畜化には（調教不可能な荒馬のようにあまり従順ではない例外個体がいるとしても）動物が生まれつき従順になる遺伝子の変化が含まれる。

シカもまた、近親種が家畜化の試みにまったく異なる反応をした興味深い例だ。世界に存在する数十のシカ類のうち、異論はあるものの、家畜化されたのは唯一、トナカイだけだった。最後に家畜化された哺乳類の一種であるトナカイは、ロシア人とスカンジナビア半島に住むサーミ人の二者によって独自に家畜化され、北極圏や亜北極帯に住む多くの集団にとって、生活に欠かせない家畜となった。[1] ほかのシカ類がまったく家畜化されなかったことは、それらは人類が昔から近接して生活してきた動物であり、通常、人に対して攻撃的ではないということを考えれば、いっそう興味深い。またシカは、大昔から人の重要な食料源であったため、従順なシカの群れを飼育したいという強い動機はあった。しかしシカは通常、神経質な動物であり、子が危険だと感じたら攻撃的にもなる。驚いた群れは暴走することもある。シマウマとウマの例のように、シカには家畜化を進めるために必要な従順さの遺伝変異が足りなかったのかもしれない。

キツネもまた、家畜化不可能な近親種の動物だと判明する可能性があることは、ベリャーエフにはよくわかっていた。何しろ彼がニーナに実験への協力を依頼した時点で、ギンギツネは数十年以上にわたり人によって育種されていたが、その大部分は従順とはほど遠かったのだ。

ギンギツネは、野生でも捕食者に追い詰められない限りとくに攻撃的ではないアカギツネの特殊な型だ。ヨーロッパやアメリカ合衆国ではアカギツネが郊外地域に進出して小型犬や猫を狩っているが、本来のアカギツネは人から遠く距離を置くことを好み、野生ではより小型の獲物を狩っている。とくに齧歯類や小鳥を好むが、雑食性のため果物、ベリー類、草や穀物も食べる。オオカミのように群れで狩りをすることはなく、子ギツネの生まれた直後は独り立ちまで両親が共同で子育てにあたるが、その時期を除けば、キツネは単独で生活する動物だ。つがいは一生ではなく、毎シーズン新たなパートナーを見つける。姿を見せない名人であり、明るい茶色をしたアカギツネでさえ、自然のなかで見つけるのは難しい。

飼育されているキツネに関しては別の話だ。世話係が近づくとほとんどのキツネはきわめて攻撃的になり、激しくうなり、一部は文字通り獰猛だ。キツネのいるケージに手を近づけすぎれば、咬まれるおそれがある。そのためニーナ・ソロキナのコヒーラ飼育場のようなキツネ飼育場で働く人は不恰好だが必須の、分厚い保護手袋をつけている。

キツネ飼育場の利益はそうしたリスクに見合うものだった。キツネは昔からその毛皮を目的に罠で捕まえられていたが、商業的な繁殖が始まったのは一八〇〇年代後半のことだった。起業精神旺盛なカナダ人二人が、プリンスエドワード島でキツネ飼育場を始めて、アカギツネを繁殖してもっと印象的な色や手触りの毛皮を生産できるかどうか試してみた。彼らが生産したもっとも人気の毛皮は、つやのある黒っぽい銀色で、それらは毛皮市場で高値で取引され、島にはさらに多数のキツネ飼育場が生まれた。地元の人々はこの好景気をゴールド・ラッシュになぞらえて「シルバー・ラッシュ」と呼んだ。

ロンドン市場の記録によれば、一九一〇年の時点で、プリンスエドワード島産の高品質な「ギンギツネ」生皮は一枚あたり二、三百ドルから二千五百ドル以上の値がついていた。そして最高品質の繁殖用つがいは数万ドルで売り買いされていた。そのような一攫千金を見て、ソビエトの毛皮繁殖業者は自分たちも参加しようと、プリンスエドワード島からキツネを輸入した。一九三〇年には、ソビエト連邦はどの国よりも多くのギンギツネの毛皮を輸出するようになり、ロシア人繁殖業者はコヒーラのような工業規模の飼育場の大規模ネットワークを構築していた。

ほかの繁殖業者や現場での実験の運営を担う一般作業員らをふくむニーナ・ソロキナと彼女のチームは、ベリャーエフが述べたとおりのテストをするためにキツネに近づいたとき、攻撃的な反応を当然に予想していた。ベリャーエフは、標準的なやり方でキツネに近づくことを提案した。行動を限られた範囲内におさめることで、キツネの異なる反応を引き出しかねない各人のしぐさの違いを統制することが可能だ。もしある研究者がキツネに近づき、その顔をケージの正面に近づけたら、それは研究者がケージの正面で手を振ったときとは異なる反応を引き起こすだろう。近づくのがゆっくりの場合は、急に近づいた場合にくらべて反応が少ないかもしれない。

そこでニーナは決めた。研究者は全員、ゆっくりケージに近づき、ゆっくりケージの扉を開き、手袋をはめた手に食べ物を持って、ゆっくりケージのなかに差し入れる。そうすると、一部のキツネは飛びかかってきた。大部分のキツネは後退して、威嚇するようにうなり声をあげた。しかし彼らが毎年テストした百匹のうち十匹強は、わずかながら動揺の度合いが減った。落ち着いているとは言えないが、きわめて反応しやすくもなく攻撃的でもなかった。二、三のキツネは作業員の手から食べ物を食べることさえあった。食べ物をくれる手を咬まないそうしたキツネたちが、ベリャーエフによるニーナのパイロット実験で次の世代の親たちとなった。

三回の繁殖期のあいだに、ニーナと彼女のチームはある興味深い結果を目にした。彼らが選択したキツネの産んだ子ギツネの一部は親たちや祖父母たちや曾祖父母たちよりも少しおとなしかった。それでも、世話をする人が近づくとまだ牙をむき出しにしたり攻撃的な反応を見せたりしていたが、そうでない時には、ほぼ無関心に見えた。

ベリャーエフはよろこんだ。行動の変化はわずかで、ほんのひと握りのキツネで現れたものだったが、その変化は彼の予想よりもかなり早く現れてきた。進化のタイムスケールで見ればわずか一瞬だ。ベリャーエフはこのパイロット・プロジェクトを大規模な実験に拡張することにした。ところがそれは〈中央研究所〉における彼の権限外で、上司の承認が必要になる。ニーナに指示したように、特別に上質な被毛をもち、一年に一度以上子を産めるキツネの育種を試みていると言うことも可能だった。しかしたとえそうしても、著名な施設、しかもルイセンコの本拠地であるモスクワの近くでの大規模実験には、報復措置の危険がともなった。

しかし実験開始を長く待つ必要はなかった。一九五三年三月にスターリンが死去し、政治の風向きが変わりつつあった。ルイセンコの権力掌握が弱まりはじめた。スターリンの後継者であるニキータ・フルシチョフもルイセンコの支持者だったが、同時に彼はソビエト科学界の再生を目指し、ルイセンコの支配下で実験技術者と同等な仕事をさせられていた著名な遺伝学者数人を科学者としての地位に復帰させた。風向きが変わりつつあるもうひとつのサインは、政府が公式に、ベリャーエフの憧れの科学者であるニコライ・バビロフの再評価をおこなったことだ。[2] さまざまな遅れを取り戻さなければならなかった。

スターリンが死ぬ一カ月前、ジェームズ・ワトソンとフランシス・クリックは、DNAの構造という厄介な謎を解明し、遺伝暗号を解いたと発表した。彼らは大きな分子模型を示して、DNAがらせん階段のような形をしていると明らかにした。それは二重らせんと呼ばれるようになった。DNAはきわめて綿密な計算機に似て、この発見はついに突然変異がどのように起きるかについて暗号の複製で起きるエラーが突然変異を引き起こすにちがいない、という説得力のある説明をもたらした。

遺伝暗号のすばらしい説明によって、ルイセンコの「西側の遺伝学」批判はよく言ってもばかげた誤解だと暴露された。そのうえ、ルイセンコの提案した方法を使って収量を向上させようとした試みは、悲惨な結果に終わった。ルイセンコの推奨した方法によってつくられた種子でも収量は増えなかった。接ぎ木によって得られた形質の組み合わせは、そうしたハイブリッド種の子孫にも受け継がれるはずだというルイセンコの主張に従って、多くの接ぎ木の実験もおこなわれた。これもまた、根拠のない主張だったと証明された。対照的に、西側の科学者らは、「ブルジョワ」の遺伝育種技術によってトウモロコシの交配種をつくりだし、大豊作を実現していた。それは一九三〇年代にルイセンコによって弾圧される前、ロシア人科学者らが試みていた方法だった。

ソビエトの遺伝学コミュニティは再結成した。ルイセンコの台頭した時期からソビエト遺伝学の指導的立場にある人物らが、ルイセンコ支持者らに対して公然と権力闘争を始めた。同時に、ベリャーエフはロシア人科学者のコミュニティ内でますます尊敬を集めた。価値ある被毛をもつ美しい動物の育種における見事な功績がとくに評価された。なかでもミンク人気はますます高まり、ベリャーエフは〈中央研究所〉において、被毛の魅力的な新種をいくつも生み出した。それらはコバルトブルー、サファイア、トパーズ、ベージュ、パールといった美しい色合いだった。また、なぜキツネの一部の顔には白いぶちが現れるのかを説明するすばらしい科学論文を執筆した。それによれば、それまで不活性だった遺伝子が活性化し、新たな場所にぶちをつくるからだった。

ベリャーエフの功績の噂が広まり、彼に講義を依頼する手紙が多数届いた。彼の若々しい活力、雄弁、見目のよさと自信に聴衆は魅了された。その講義に出席した人々の多くは、彼が演壇にあがると、どれほど大きなホールであっても、一瞬にして会場の注目を集めたと語っている。なかには、彼には聴衆の考えや気分を感じとり、その場にいる全員と強い絆を結ぶような、魔法めいた力があったと言う人もいる。

とくに一九五四年のある機会には、彼の存在感の力とその科学的公正性の強靭さがソビエト科学コミュニティのエリートらに強烈な印象を残した。ルイセンコとその手下たちは権力を失うまいと必死になり、確実にベリャーエフの信用を落とすための一連の講義を計画した。それらの講義はモスクワの科学技術博物館の巨大な講義室でおこなわれた。

ベリャーエフも演説する予定だったので、彼の話を聞くためにホールは満員になった。空気がぴりぴりしていた。聴衆はルイセンコの子分たちがベリャーエフを招いたのは、彼を嘲るためだとわかっていた。ルイセンコの得意なやり方のひとつに、標的の講義に子分たちを送りこんで、大声で非難を浴びせ、講演者を舞台から引きずりおろすというものがあった。多くの講演者が非難に対して反論し、騒々しい叫び声の応酬に引きずりこまれた。

舞台への扉が開くと、ベリャーエフは美しいキツネとミンクの毛皮の山をかかえて颯爽と登壇し、それらを書見台の上にかけた。その日出席していた同僚によれば、ベリャーエフは、彼の専門である驚くほど美しい毛皮を見せることの効果を熟知していた。ホールは静まりかえり、ベリャーエフは深みのある朗々とした声で話しはじめた。その聴衆のなかにいたナタリア・ドローネーは、彼の声は「まるで人間オーケストラのよう」であり、その講義は「オルガンのために書かれた曲」のようだったと回想している。

そのように多くの尊敬を集めたベリャーエフは、わずか二、三年後に、かねてから夢見ていた大規模なキツネ育種実験を立ちあげる権限をもつ高い職位に出世した。一九五七年、声を大にしてルイセンコを批判するニコライ・ドゥビニンは、アカデムゴロドク、または「学術都市」と呼ばれる科学研究センターの一部である細胞学遺伝学研究所の所長に任命された。ドゥビニンはベリャーエフに、モスクワを離れて細胞学遺伝学研究所で進化遺伝学の研究室を開かないかと誘った。

ソビエト科学を再活性化する新たな動きの一環であるアカデムゴロドクは、天然資源の豊富さからそう名づけられたシベリア「黄金の谷」の真ん中にある、一大産業都市ノボシビルスク近郊に建設された。シベリアといえば一般的には分厚い雪に覆われた凍てつく荒野というイメージで、たしかに冬は厳しく、しばしば気温は氷点下四十度まで下がるが、春と夏には黄金の谷も暖かく、陽が降り注いでいる。そしてシベリアの広い範囲は荒涼として、そこここに小村が点在しているだけだが、ノボシビルスクはソビエト連邦有数の大都市で百万の人口をかかえ、秘書的・管理者的な仕事に多くの下級職の労働者を必要とする科学の拠点としては格好の立地だった。科学者は、そこに派遣されてくる。

数十年前、マキシム・ゴーリキーは「いくつもある聖堂では科学者が司祭であり、科学者が毎日われわれらの惑星を取り囲む不可解な謎を探っている」という架空の「科学の町」を書いた。そんなオアシスは、「鋳物工場や作業所では人々が正確な知識を鋳造し、世界の経験のすべてを刻み、それを仮説やさらなる真実追求の道具にとつくり変える」[3]

アカデムゴロドクはそうした場所になるはずだった。

そこには数十万人の研究者が住み、ソビエト科学を世界に傑出させるべく尽力する科学者同志たちのコミュニティとして花開くはずだった。シベリアの厳冬さえ、モスクワと、ルイセンコの縮みつつある権力基盤から二千マイルも離れた科学の都の魅力を減じることはできなかった。研究者らが、老いも若きも、ソビエト中から集まってきた。彼らはよろこんでそうしたのだ。それはルイセンコの最盛期に多くの科学者らが訴追されて、世間から忘れ去られたり、牢獄に送られたりするための旅立ちとくらべれば、驚くほどの変化だった。科学者たちは今や、もっとも意外な場所に新しくつくられた科学のユートピアで科学の再生を取り仕切っているのだ。

ドゥビニンはベリャーエフを研究所の進化遺伝学研究室長に任命するとすぐに、彼を研究所の副所長へと昇格させた。これでベリャーエフは本格的なキツネの実験を立ちあげることが可能となり、モスクワからアカデムゴロドクに旅立つ前に、仕事を始めた。ところが間もなく、やはり慎重に進める必要があると思わせるできごとが起きた。

ルイセンコとその支持者らは、公式には自分たちが依然として権力の座にあるにもかかわらず、現場の科学者らが自分たちの禁止命令をあっさりと無視していることに激怒していた。彼らは遺伝学に対する新たな抵抗勢力キャンペーンをおこない、この抗争の一環として、一九五九年一月、ルイセンコが設立した委員会がモスクワからノボシビルスクにやってきて、アカデムゴロドクを訪問した。[4] この委員会は、細胞学遺伝学研究所でどのような研究をおこなうか、また誰がその責任者となるかを決定する権限をもっており、ベリャーエフと研究スタッフ全員が追放されるおそれもあった。研究所所属の科学者は、委員会が「実験室をこそこそとかぎまわり」、秘書をふくめて誰にでも質問していたので、委員会は明らかに遺伝の研究がおこなわれるのを快く思っていないという噂が広がった。ルイセンコが人選した委員会は、アカデムゴロドクのすべての研究所を統括するミハイル・ラブレンチェフ博士と会談し、「細胞学遺伝学研究所の方向性は方法論的に間違っている」と述べた。それはルイセンコ派グループからの不穏な言葉であり、誰もがそれをわかっていた。

当時ソビエト連邦の首相だったニキータ・フルシチョフは、委員会のアカデムゴロドク訪問についての報告書について人づてに耳にした。フルシチョフは長年ルイセンコの支持者であり、個人的に状況を調べることを決め、一九五九年九月、ノボシビルスクを訪ねた。フルシチョフは自分の命令どおりにものごとが進まないときには癇癪を起こす人物で、アカデムゴロドクの建設は彼の望みどおりには進まない大プロジェクトだった。実際、もし状況が改善されなければ、ソビエト科学アカデミー全体を解散させるとフルシチョフは脅した。「全員、クビにしてやる！」フルシチョフは罵った。「おまえたち全員の割増賃金もすべての特権も剥奪する！　ピョートル大帝はアカデミーを必要だと言ったが、それがなんのためにわれわれに必要なんだ？」

アカデムゴロドクのすべての科学研究所の職員らは、フルシチョフの訪問した流体力学研究所の建物正面に集まり、ある研究者の記憶によれば、首相は「集合した職員の横をひじょうな速足で歩き、職員に目もくれなかった」。フルシチョフと管理者らの会談の内容は残っていないが、当時の証言では、細胞学遺伝学研究所はフルシチョフによって閉鎖されそうだったところを、この旅に同行していた彼の娘で、彼女自身生物学者のラダが、ルイセンコがペテン師だと見抜き、研究所を閉鎖しないように父親を説得したらしい。

しかし自分の不満を表明するために何かする必要があると考えたフルシチョフは、訪問の翌日、細胞学遺伝学研究所所長であるドゥビニンをクビにした。副所長だったベリャーエフがあいた地位に就くことになった。彼はドゥビニンのような尊敬されている人物の代わりを務めるということに気おくれを覚えたが、困難なときでも、否、困難なときこそチャンスをつかむことが大事だと考えた。さらにこの昇進で、一流の遺伝研究をおこなえることが確実になるのだ。ベリャーエフの同僚で友人のひとりは、何年もあとに、研究所のある研究室の責任者となるべきだと彼に言われた際に、「無理、無理」と答えた。じつは彼女は、輝かしい評価を築いた前任者の後を継ぐことをおそれていたのだ。するとベリャーエフはこう言った。「『無理』という言葉は忘れなさい。科学をやりたいのなら、これは忘れなければいけない。わたしがドゥビニンの後任で研究所長に任命されたとき、楽だったと思うか?[6]」所長の座に就いたベリャーエフは、まもなく自分の夢である実験の運営責任者を探しはじめた。

リュドミラ・トルートは言う。「わたしの心の奥底に、病的な動物への愛があります」それは大のイヌ好きだった母親から受け継いだものだ。リュドミラはペットのイヌに囲まれて育ち、第二次世界大戦のさなか、ひどい食料不足の時でさえ、母親は腹をすかせた野良犬に餌をやり、こう言った。「もしわたしたちが餌をあげなかったら、このイヌたちはどうやって生きのびる? この子たちには人間が必要なの」リュドミラは母親を見習って、野良犬に出会ったときのためにいつもポケットにおやつを入れていた。彼女は家畜化された動物には人間が必要だということを、忘れたことはなかった。人間が動物たちをそのようにしたのだ。

リュドミラは動物への愛から、生理学と動物行動学を学ぶことにした。成績トップの生徒として、世界有数の名門大学であるモスクワ国立大学の、ソビエト連邦のその地域でもっとも名門とされる学科に入学を許可された。リュドミラはベリャーエフの実験を運営する人間に必要とされるような、優れた訓練を受けた。動物行動学はロシアでは華々しい歴史のある研究分野であり、リュドミラは伝説的人物と共同研究した教授らから学んだ。

イヴァン・パブロフは、行動を条件付ける方法の研究で一九〇四年、ノーベル賞を受賞した。ロシア初のノーベル賞受賞者であるパブロフは、毎回ベルを鳴らしてからイヌに餌を与えつづけると、たとえ餌が与えられなくても、イヌはベルの音で唾液を分泌するように条件付けされると示した。パブロフは、この反応はもうすぐ餌がやってくるという意識のある期待の結果ではなく、意識下のプロセスだとする理論を立てた。彼の研究は、のちに行動主義と呼ばれる科学の基礎を築いた。行動主義とは、行動への影響では、遺伝子よりも動物の周囲の環境が重要だとする立場だ。パブロフの研究をくむ行動主義者に、ラットを使った実験によって西側で広く知られるアメリカ人心理学者、B・F・スキナーがいる。

パブロフとくらべると、二十世紀はじめに博物学者ウラジミール・ワグネルとその弟子たちが主導した、動物行動学《エソロジー》へのロシア人の功績はあまり知られていない。ワグネルらはチャールズ・ダーウィンの中核的な主張のひとつである、動物の行動の大部分は自然選択のプロセスの結果によるものだということを理論の土台にした。リュドミラはモスクワ国立大学で、この理論を進展させた優れた研究者、レオニード・クルシンスキーの下で学んだ。クルシンスキー自身の研究は、動物に思考は可能かという問いに焦点をあてたものだ。クルシンスキーは先駆的な研究者であり、遺伝子は動物の行動に大きな役割を果たすと考えていたが、同時にイワン・パブロフにも多大な影響を受けていた。研究においては行動主義と遺伝学の両方からの洞察を組み合わせて、一部の動物は学習と基本的な推理をすることが可能で、遺伝子や条件付けだけに支配されていないという見方を推進した。

クルシンスキーは、彼が動物の「未知のことがらを既知の事実から推定する能力」と呼ぶものの観察から、動物の論理的思考を研究するようになった。動物はこの力によって、自分が追いかけている獲物が逃げるためにどこに動くかを理解する。クルシンスキーは野生動物を観察する旅に愛犬を同伴していたが、ある日、イヌがウズラを茂みに追い込むのを観察した。茂みが密だったのでそのなかに入れなかったイヌは、茂みの裏側に回ってウズラが反対側に出てくるのを待ち構えた。これは彼のイヌは――そしてほかの多くの動物たちも――、単純な論理的思考を必要とするような、未来の行動予測ができるという証拠だとクルシンスキーは考えた。動物たちはおそらく、このように未知のことがらを既知の事実から推定することを経験から学んでいる、つまり動物の行動は、その遺伝子とその経験や環境の両方によって形成されるということだ。[7]

動物の行動の進化の鋭い観察者として、クルシンスキーはオオカミの思考能力とイヌの思考能力の体系的比較をおこなったことがあり、家畜化のプロセスによってイヌは知能が衰えたと主張した。彼の仮説によれば、これはイヌには生存への圧力が欠けているいっぽうで、オオカミは生存のためにつねに用心し――油断なく気を配る――必要があるからだという。もっともその後、実際にはイヌはオオカミとくらべて知能面で引けをとらないこと、そしてオオカミや野犬よりはるかに多様な行動をとることが明らかになった。イヌは人間に対する恐怖心をもたないため、複雑な環境にすぐに順応できるからだ。

クルシンスキーは数多くのほかの生物を研究し、その多くが複雑な社会的生活を営んでいることはもちろんのこと、問題解決能力ももっていると立証した。彼はこの分野で驚くほど広範なすばらしい研究をおこなった。ある論文では、アカゲラが木を道具として使う様子を観察した。アカゲラは木の穴に松ぼっくりを入れるとき、ちょうどいい大きさの穴を選び、穴が万力のように松ぼっくりを固定しているあいだに種をついばんで食べる。多くの行動主義者が動物の感情を無視して、その研究を端に追いやったが、クルシンスキーは、観察した動物の感情について率直に記述した。たとえばアフリカの猟犬について彼は、「友人のような関係」によって保たれている共同体で暮らしていると書いた。

ベリャーエフはクルシンスキーの友人で、その研究を称賛していた。そしてキツネの実験にはクルシンスキーが教えているような高度な観察を必要とすると考えたベリャーエフはモスクワ国立大学スパローヒル・キャンパス内のクルシンスキーのオフィスを訪れ、実験の日常業務を運営できる人材についての助言を求めた。宮殿のような天井、大理石の床、装飾をほどこされた柱に、美術品の彫像が配されたクルシンスキーの豪華な建物に落ち着き、ベリャーエフは自分の実験計画を述べ、研究を手伝ってくれる才能ある大学院生を探していると説明した。クルシンスキーがその情報を流すと、それを耳にしたリュドミラはすぐに強く興味を引かれた。彼女自身の学部生時代の研究はカニの行動についてだった。カニの複雑な行動は興味深かったが、愛するイヌの近縁種であるキツネの研究ができるという期待、それもベリャーエフのような広く尊敬されている科学者との共同研究に、興味をそそられた。ぜひやってみたいと思った。

一九五八年のはじめ、リュドミラは〈中央研究所〉のオフィスでベリャーエフと面会した。すぐに、彼はソビエトの男性科学者、しかも彼のように高位の人間としてはじつに珍しい人物であるということがわかった。多くの人はきわめて尊大で、女性に対して見下すような態度をとる。リュドミラは愛想がよくにこやかで、身長は百五十センチ、波打つ茶色の髪を短髪にしていて、年齢のわりに若く見られた。それにまだ学部課程を終えていなかった。だがベリャーエフは彼女を対等な人間と見て話した。リュドミラは彼の知性と意欲を伝えると同時に並外れた共感を発する、その射るような茶色の目に釘付けになったことをよく憶えている。ベリャーエフは彼女についての質問しながら、彼女の本質を見抜いているようだった。まるで生まれたときから彼女を知っているかのようだった。リュドミラは彼の仲間に加えてもらったように感じた。ベリャーエフは計画している大胆な研究について包み隠さず彼女に語り、リュドミラはこのような非凡な人物から計画を打ち明けられて光栄に感じた。これほどの自信と温かみを兼ね備えた人物に会ったことはなかった。

ベリャーエフはリュドミラに、考えていることを話した。「キツネをイヌにしたい、と彼は言いました」リュドミラは回想する。実験をおこなうにあたり彼女がどこまで創意工夫できるかを知るため、ベリャーエフは尋ねた。「きみが数百匹のキツネがいる飼育場にいるとして、実験のために二十匹選ぶ必要があるとする。どうやって選ぶ?」リュドミラはキツネを扱う経験は皆無で、キツネの被毛がどのようなものか、キツネからどのような反応が返ってくるのかについてぼんやりした考えしかもたなかった。しかし彼女は自信をもった若い女性であり、頭を絞っていくつかの合理的なやり方を答えた。わたしなら、さまざまな方法を試しますと彼女は言った。キツネの仕事をしている人に話を聞き、書物で知られていることを読みます。ベリャーエフは椅子に背をもたせて耳を傾け、彼女がこの仕事、そして新しい研究のために技術を開発することに対してどれほどのやる気があるかを測っていた。ノボシビルスクまで行って、アカデムゴロドクに移り住むのは平気か、とベリャーエフは質問した。なんと言っても、シベリアの真ん中への移住は、軽く決められる人生の変化ではない。

またベリャーエフは明らかに、彼女がとろうとしているリスクについても懸念しており、言葉を飾らずに参加することの危険性を伝えた。ルイセンコ派をかわすために、仕事はキツネの生理学と説明される。少なくとも当面は、実験に関して遺伝学という言葉は一切使えない。ベリャーエフはまた、必要な場合にはルイセンコを公然と批判できるし、するつもりだと言った。しかしルイセンコとその一派はいまだに、遠くシベリアにいる遺伝学者のチームを見せしめにして罰し、そのキャリアと評判を台無しにする権力を維持していた。リュドミラにもそれはわかっていた。誰でも知っている。それでも、ベリャーエフが彼女に、きちんと理解するように念を押してくれたことはうれしかった。

ベリャーエフが表明したもうひとつの懸念は、彼女の科学者としてのキャリアについてだった。彼はきわめて真剣に、彼女の目をじっと見つめて、はっきりさせておきたいのだが、実験は意味ある結果をもたらさない可能性もあると言った。もちろん結果が出ることを願っているし、そうなると確信している。だが結果が出るとしても、それには長い年月、もしかしたら彼女の一生がかかるかもしれない。彼女の仕事は育種のためのキツネを選び、各世代におけるキツネの生理および行動を観察・記録することだ。加えて、まだアカデムゴロドクに実験用キツネ飼育場を設置できていないため、ノボシビルスクの細胞学遺伝学研究所から遠隔地に点在するキツネ飼育場への頻繁な出張が必要となる。ベリャーエフはいずれ飼育場をつくりたいと思っているが、まだ実現できていなかった。

リュドミラは彼の警告を慎重に検討したが、それでも疑いはなかった。この仕事は大きな挑戦であり、ベリャーエフはきわめて高水準の要求をしてくるとわかっていたが、むしろやる気をかきたてられた。

リュドミラは温かな性格で控えめなふるまいの女性だが、おそるべき活力と強い意志のもち主であり、周囲にも一目置かれていた。ソビエト科学界はほぼすべてにおいて男性優位であるにもかかわらず、彼女は科学者になるという夢を情熱的に追求してきて、あらゆるレベルで秀でてきた。先駆的な研究こそ、彼女の求めるものだった。ベリャーエフからは、キツネの研究において彼女にはかなり大きな裁量と責任が与えられると明言され、それもとても魅力的だった。リュドミラがのちに述べたように、彼女は「当たりくじ」をつかんだ。新たな科学都市の第一世代の科学者になるだけでなく、このすばらしい人物と共同でとてつもない研究をするのだ。リュドミラはそう確信した。ベリャーエフの引き込むような目のなかにそれが見えた。彼女は彼を信じた。

リュドミラはモスクワを離れてシベリアに住むことになるとは、夢見たこともなかった。モスクワ郊外で育ち、モスクワを愛していた。家族は全員モスクワに住んでいて、とても仲がよく、集まって食事したり外出したりしていた。そのうえ、彼女は結婚したばかりで女の赤ちゃんもいた。娘のマリナをそれほど愛情深い家族の輪から引き離すことは難しかった。さらに言えば、航空機整備士である夫ボロージャがどんな仕事を見つけられるか、どんな生活になるのかもわからない。アカデムゴロドクに住むことについてわかっているのは、シベリアの真ん中で、一年の大半は凍えるほど寒いだろうということだ。しかし行かなければならない。ふたを開けてみれば、夫は転居に心から賛成して、自分の仕事はきっと見つかると言ってくれた。リュドミラがとてもうれしかったのは、母親が、一家が落ち着いたら自分もそこに行くと言ってくれたことだった。母親が夫婦と同居して、リュドミラの仕事中は赤ん坊の世話をしてくれる。こうして一九五八年の春、一家はシベリア鉄道に乗りこみ、新居を目指した。

アカデムゴロドクには、ベリャーエフが実験用キツネ飼育場の建設用地にできる土地がなかった。学園都市は建築中で、細胞学遺伝学研究所にはまだ自前の建物さえなく、数百匹のキツネを収容する土地はなおさらだった。そこでとりあえずリュドミラは商業用キツネ飼育場でキツネの家畜化実験をおこなうことになった。ベリャーエフ、そしてニーナ・ソロキナは、長年のあいだにそうした飼育場の運営責任者の多くと友人になっていた。コヒーラで実験をおこなう選択肢もあったが、本格的な実験には規模が小さすぎるし、場所も遠すぎた。そういうわけで、リュドミラはほかの選択肢を探すことになった。

一九五九年の秋、リュドミラは鈍行列車でソビエトの広大な荒野を横切り、近代とはいまだ無縁の村をつぎつぎと通り過ぎた。森の奥深くにある小さな駅で下車し、無舗装の道を歩いてある産業用キツネ飼育場を訪ね回って実験をおこなうのに最適な場所を探した。

ある飼育場に着いたリュドミラは責任者に対して、ベリャーエフと彼女が実施したいと思っている実験の性質を説明した。独自のスペースが必要で、数百匹のキツネを調べることになるが、実際に育種に使うのはそのごく一部の、もっとも穏やかな個体だけだ。商業用飼育場の人々の多くは、なぜわざわざ時間をかけてリュドミラが説明するようなことをするのか、当惑していた。「頭がおかしいと思われました」リュドミラはおもしろそうに回想した。「わたしがベリャーエフの使いでやってきたと言いだす前は。『この女、もっとも従順なキツネを欲しいだなんて、いったい何をたくらんでいるんだ！』と思われたりして」しかしリュドミラが共同研究者の名前を出すと、彼らの態度はがらりと変わった。「ベリャーエフ博士のひと言で、敬意が保証されました」

最終的にリュドミラは、ノボシビルスクから南東に三六〇キロメートル行ったところにあるレスノイと呼ばれる巨大な商業用キツネ飼育場に決めた。カザフスタンとモンゴルとの国境が接する場所に向かう途上半ばに位置する。ソビエト連邦の商業的飼育所はすべてそうだが、ここも国有で、常時数千匹の繁殖可能な雌ギツネと数万匹の子ギツネが飼育されていた。レスノイは政府にとっては金の生る木であり、リュドミラに育種するためのキツネを飼う小さなスペースを与えても、何ということはなかった。

彼女はコヒーラにおけるパイロット実験のキツネたちから十匹くらいをレスノイに連れてきて、翌年までにほかの飼育場からのキツネを増やすつもりだったが、実験で彼女がつがわせる最初の一団はレスノイのキツネから選ぶことになる。

レスノイ飼育場に慣れるのには多少の苦労があった。巨大な施設で、オープンエアのキツネ小屋が何棟も並び、ひとつひとつが数百のケージを収容していた。それぞれのケージにはキツネが一匹入れられ、歩き回っていることが多い。それでも足りず、キツネのケージはあらゆるスペースを覆いつくしていた。そのにおいは、リュドミラのように慣れない人にはとくに、鼻が曲がりそうだった。そして音も、給餌時にはとくに、耳をつんざくほどやかましく、甲高い声はひどく耳障りだった。キツネに餌をやり、ケージの掃除をする少人数の作業員らは当初、キツネの奇妙な検査を入念におこなっている若い女性科学者のことをほとんど気にしていなかった。それぞれ百匹のキツネを担当していた彼らには、興味をもつ暇もなかった。

リュドミラはこれまでキツネを扱う経験は何もなく、最初はその凶暴さに面食らった。彼女がケージに近づくと、この「火を吐くドラゴン」たちはうなり声をあげて飛びかかってくる。このキツネたちがいつか従順になるとはとても思えなかった。ベリャーエフが、実験にはとても長い時間がかかると警告したわけがわかった。

リュドミラの要請で、レスノイの運営責任者は、いくつか木造の大きな囲いをつくることになった。囲いの前面の角には、雌ギツネがそこで出産できるように木造のねぐらをつくりつけ、母子が快適なように、床にはウッドチップを敷く。野生では、妊娠した雌ギツネは子ギツネたちのために、木の根元や、木の根の下や、岩の割れ目のなかや、丘の斜面に細いトンネルの入り口の先に広い主室エリアのある、居心地のよいねぐらをつくる。たいていは二匹から八匹の子ギツネたちが生まれると、雌ギツネはねぐらで熱心に面倒を見て、パートナーの雄が食べ物を運んでくる。妊娠した雌ギツネにそのような快適さを与えることが重要だとリュドミラは考えた。

次のステップとして、一九六〇年の秋、コヒーラのパイロット・プロジェクトから約十四匹のキツネをレスノイに運んでくることになった。ニーナ・ソロキナと彼女のチームはこの時点で八世代のキツネを繁殖させていた。ほとんどの場合、キツネに見られる変化はまだほんのわずかだった。もっとも従順なキツネ十二匹がレスノイに送られたが、概してそれらのキツネは毛皮動物飼育場のその他のキツネよりも、少しおとなしいだけだった。しかしそのなかでも、コヒーラで直近の出産シーズンに生まれたキツネ二匹は、際立っていた。目に見えておとなしかった。リュドミラはその二匹を見てびっくりした。二匹は彼女に抱きあげられても平気だった。飼育場にいるその他のキツネたちよりもずっとイヌに似ているこの驚くべきキツネたちが、リュドミラに実験の成功を確信させてくれた。リュドミラは二匹をラスカ（「優しい」）とキサ（「子猫ちゃん」）と名付けた。その後、彼女は実験で生まれたキツネすべてに名前をつけた。子ギツネの名前の最初の文字は、母親の名前の最初の文字と同じにした。年月がたつにつれて、実験に加わった同僚や世話係もリュドミラといっしょに、名前を選ぶ作業を楽しんだ。

リュドミラがレスノイで最初にやらなければならない仕事は、研究に使うキツネの数を増やすことだった。そこでレスノイを訪れる必要があった。まずは十月、繁殖用にもっともおとなしいキツネを選ぶことにした。彼女は年に四回、アカデムゴロドクからレスノイを訪れる必要があった。まずは十月、繁殖用にもっともおとなしいキツネを選ぶ。一月後半には交尾のプロセスを監督した。四月には生まれたばかりの子ギツネを観察。そして六月、子ギツネとその成熟の様子をさらに観察する。毎年これをくり返す。レスノイまでの距離はわずか三六〇キロだが、ソビエトの鉄道事情を考えれば、その旅は疲労困憊する仕事だった。リュドミラは午後十一時にノボシビルスクを発ち、翌朝午前十一時にレスノイから一時間のビイスクの町に着き、そこから目的地まではバスで移動する。

毎日午前六時から、リュドミラは入念にケージのひとつひとつを回る。ニーナがコヒーラで使っていたような厚さ五センチの保護グローブをつけ、各キツネが彼女の存在にどのような反応をするかを測定する。彼女がケージに近づいたとき、閉じたケージのそばに立ったとき、ケージを開けたとき、棒をケージのなかに差し入れたとき。それら各交流のキツネの反応には1から4の点数がつけられ、総得点が高いキツネがもっともおとなしいということに決まる。リュドミラは毎日約五十匹のキツネをテストした。それは身体的にも精神的にも大変なことだった。

キツネの大部分は、彼女が近づいたり、棒をケージに差し入れたりすると、攻撃的な反応をした。チャンスがあれば、彼女の手を咬みちぎっていただろう。少数のキツネはおびえてケージの奥に縮こまり、こちらもおとなしいとは言えなかった。ごく一部のキツネはどの場面でもおとなしいままで、リュドミラを熱心に観察して、反応しなかった。リュドミラは上位一〇パーセントのキツネを次世代の親にすることにして、コヒーラからやってきたキツネたちに加えた。

リュドミラは午後半ばに短い昼休みをとり、ボルシチ、ロシア風ミートボール、パンケーキを出す村の小さなレストランでランチを済ませると、飼育場に戻り、また数時間テストをおこない、その後は飼育場の育種研究者用の宿舎内に与えられた小さな部屋で、その日の観察の詳細を洩らさず記録した。ようやく午後十一時頃には、厨房で同宿の研究者らと話やジョークを交わしながら軽い夕食をとってくつろいだ。彼女はほとんどの時間をキツネとだけ過ごし、キツネとはじょじょに関係を築いていたが、さびしいと感じることもあった。

一九六〇年一月、彼女はキツネの最初の交尾プロセスを監督したが、かなり苦労した。十月に訪問した際、どのキツネとどのキツネとを繁殖させるのか、もっとも落ち着いた雌ギツネをもっとも落ち着いた雄ギツネとつがいにして近親交配を避ける詳細な計画を記していた。交尾のためにいっしょにされると、ほとんどのキツネは従ったが、一部の雌ギツネは選ばれたパートナーを拒否し、リュドミラはすばやく別のふさわしいパートナーを選ばなければならず、それはとてもストレスに満ちた仕事だった。彼女はベリャーエフを失望させたくなかった。気温が氷点下四十度から五十度になる土地の暖房のない小屋で何時間も作業した。夫と娘マリナが恋しくなった。母親がマリナの面倒を見てくれているとわかっていたが、幼い娘の成長のすばらしい瞬間の多くを見逃していることに、気分が沈んだ。家に電話することもめったにできなかった。レスノイには電話がなく、飼育場の責任者個人の電話で長距離電話をすることは、ほとんど不可能だった。レスノイとノボシビルスク間の郵便サービスも遅くて頼りにならないことで有名だった。

さいわい、四月と六月のレスノイへの訪問がその埋め合わせになった。四月に、初めて目を開いた子ギツネがねぐらから出てくるところを観察したのは、すばらしいご褒美だった。多くの動物の幼体がそうであるように、子ギツネも愛らしい。生まれるときは人の手よりも少し大きいくらいの大きさで、体重は一〇〇グラムほどしかない。最初は耳も聞こえず目も見えずで、自分では何もできない。生後十八日から十九日にならないと目が開かない。見た目はふわふわの毛玉だ。

生後四週間たつと、野生の子ギツネは昼間にはおそるおそるねぐらから出て、寝るときに戻ってくる。最初はきょうだい仲がよくて、乗ったり乗られたり軽く咬んだり咬まれたりして遊ぶ。母親は子供たちをしっかり見張っている。すぐに子ギツネたちはやんちゃになり、じゃれ合いも激しくなり、しばしば飛びかかり、相手の尾をひっぱったり耳を咬んだりする。夏になると、母親は授乳をやめ、ねぐらは放棄される。子ギツネたちはますます成長し、遊びが乱暴になり、きょうだいのなかで順位が確定して一、二匹が優勢になる。父親と母親のキツネは秋まで子ギツネたちに食べ物を運ぶが、その頃になると子ギツネたちは自分で食べ物を探したり狩りをしたりできるようになり、独り立ちの準備ができる。その後キツネの家族はばらばらになり、子ギツネたちはみずからの道をゆき、つがいも別れる。翌一月になると、それぞれが新たなパートナーを探す。

通常の子育てのプロセスを模倣するため、リュドミラは実験の子ギツネたちが生後二ヵ月になるまで常時母ギツネの囲いのなかで過ごさせた。最初の一ヵ月、子ギツネたちは野生と同様にねぐらでひとつに固まっていた。ねぐらから出てくるようになると、毎日時間を決めて、キツネ小屋の横にある庭に出されて遊んだ。

四月、リュドミラが到着すると、子ギツネたちは生まれてからまだ数日しかたっていなかった。彼女は被毛の色、大きさ、体重をふくむそれぞれの詳細な説明を記録し、いつ目を開いたか、いつ耳が聞こえるようになったか、いつ遊びはじめたかといった成長の各段階を書き留めた。六月のレスノイ行きでは、生後二ヵ月の子ギツネたちはたまらないほどかわいらしくなっていた。じゃれ合うのが大好きで、土の上を転げ回っていた。小さな目を見開いて母親を見上げるその顔を見れば、ほほえまずにはいられなかった。リュドミラはこれらの子ギツネたちのかわいらしさに感動し、動物の行動が成熟するにしたがって大きく変わるということに、あらためて驚嘆した。

リュドミラは順調に実験を開始できたと感じていたし、キツネと過ごす時間は楽しかったが、仕事は重い負担となっていた。娘と長期間離れていることが心に重くのしかかり、研究所にベースを置く別の研究プロジェクトを探すべきではないのかと悩んだ。

ある日、二度目の一月のレスノイ訪問で、リュドミラはセヤテルという駅でアカデムゴロドク行きのバスを待っていた。気温は氷点下四十度くらいで、駅にはほとんど暖房がなかった。次のバスが来るまでにかなり長い時間かかるという放送があり、リュドミラはもうたくさんだと思った。明日ベリャーエフに辞表を提出して、家族でこのひどい土地から離れよう。しかしあくる日になって、コーヒーを一杯飲み、そんなことはできないと思い直した。彼女は仕事を愛するようになっていた。

一九六一年一月の二度目の繁殖シーズンを乗り越え、第二世代の子ギツネたちが生まれると、彼女の実験用キツネは雌百匹と雄三十四匹を数えるようになっていた。この新たな世代の子ギツネたちが成熟すると、その一部はコーヒーラからやってきた驚くべき二匹（ラスカとキサ）のように人間をおそれないキツネたちだったので、リュドミラや飼育場の世話係が抱っこすることもできた。しかしそうしたキツネは例外だった。ほとんどの子ギツネは成熟しても、飼育されているギンギツネの典型よりはややおとなしいキツネにとどまり、しばしば恐怖や攻撃性を示した。ときには咬みつくこともあったので、キツネを取り扱う際には保護手袋が必須だった。

それでも、実験はうまくいっていると、リュドミラはますます自信を深めた。それは新たな世代のキツネでよりおとなしい行動が増えているということに加えて、おとなしいキツネに対する一部の飼育場職員の態度が変化したことによる。レスノイの職員のうち何人かは、キツネの世話係としてリュドミラを手伝うように指示されており、彼らはキツネに餌をやったり囲いのなかを掃除したりするときに、おとなしいキツネをなで、いっしょにいる時間を増やし、明らかにキツネと絆を結んでいた。フィーとという名前の職員は、もっともおとなしいキツネに夢中になった。フィーはとても貧しく、飼育場で働いてやっと家計をやりくりしていた。それなのに彼女は毎日、飼育場に朝食を持参してそのほとんどをお気に入りのキツネたちに分け与えていた。キツネたちが成熟して体重が四・五キログラムから九キログラムになっても、なでたり、抱き上げたりするのが大好きだった。

こうした愛情は小さな子ギツネとは自然に生じる。彼らはとても愛らしくておとなしいからだ。しかし成熟したキツネとのそれほどに強い絆は、リュドミラにとって驚きだった。動物好きのひとりとして、彼女もその魅力を感じていて、ときには測定しながらキツネをなでたり抱っこしたりすることもあった。しかしほとんどの時は自制していた。自分は客観的・科学的な観察者でなければならず、ほかの人々にもそうさせる必要があった。そして長年、そのことに固執してきた。それでもときに、フィーのような職員がキツネと結ぶ絆も、研究の重要な一部であると感じることもあった。ベリャーエフは、われわれの遠い祖先が従順さを対象として動物を選んだことが、家畜化プロセスを動かした最初の段階のひとつだったと推測しており、ここで彼女はリアルタイムでまさにそれをおこなっているのだ。生まれつきほかよりも従順なオオカミがわれわれの祖先と接触したとき、同様の反応を引き起こしたのだろうということは想像に難くない。

リュドミラが二度目の六月のレスノイ訪問から細胞学遺伝学研究所に戻ると、ベリャーエフと彼女は、リュドミラが集めた膨大なデータを熟読し、すべての結果を分析した。一部のキツネで起きているある変化に二人は驚愕した。雌ギツネの生殖器の目視検査、併せて膣スミア検査をおこなうことで、リュドミラは各雌ギツネが各シーズンでいつ発情期に入ったかを細かく記録していた。そこからほんの数日間だけつがわせることが可能となる。彼女のデータによれば、従順な雌ギツネの一部は、ギンギツネの通常とくらべると数日早く交尾していることがわかった。それだけではなく、そうした雌ギツネの生殖能力はわずかに向上していた。つまり、平均して一度により多くの子を産んでいたのだ。従順さの選択と繁殖頻度の上昇の関連は、生まれつきの従順さを対象として選択することで家畜化に関与するあらゆる変化が始まるという、ベリャーエフの仮説の柱のひとつだった。種として長年固定されていた繁殖サイクルに現れたこのかすかな変異でさえ、問題の関連性について彼が正しいということ、またわずかに従順なキツネの育種ではなく、家畜化の真のプロセスがすでに始まっているということの、強力なしるしに思えた。

3　アンバーの尾

一九六三年四月のある朝、レスノイで第四世代の子ギツネたちが生まれた直後に、リュドミラはキツネたちを観察して回っていた。子ギツネたちは少し前に目を開いてねぐらを離れたばかりだった。この時期の探検好きのキツネたちはとくにかわいい。生後三週間になると、まるで小さなエネルギーのかたまりだ。母ギツネに毛づくろいされていたり、母の乳にうっとり吸いついていないときの子ギツネたちは、全員きれいに並んで寝ていたり、囲いのなかを走り回ったり、互いに飛びかかったり、楽しそうに鳴き声をあげたり互いの尾をひっぱったりしている。子ギツネは子イヌや子ネコと同じくらいかわいらしい。不釣り合いの大きな頭や目、ふわふわの毛や丸っこい鼻づらといった幼形の形質の何かが、人間にたまらなくかわいいと感じさせ、抱き上げて頬ずりしたいと思わせる。リュドミラもたまには衝動に負けて、小さな子ギツネを抱き上げることがあった。だができるだけ自制して子ギツネの観察に努めた。

リュドミラはもっともおとなしい雌ギツネの産んだ三十匹の子ギツネすべてを一日に数回見回り、子ギツネはどれくらい臆病／勇敢か、彼女が手を伸ばしてさわったらおびえるか、それとも落ち着いているかなど、子ギツネたちの反応を観察して、それぞれの体長、大きさ、被毛の色、解剖学的形質、健康一般について詳細なメモをとった。ある日彼女が、同腹の子ギツネたちが入れられている囲いに近づいていくと、アンバーという小さな雄の子ギツネが、その小さな尻尾を激しく振りはじめた。リュドミラは大よろこびした。アンバーは尻尾を振る小さな子犬そっくりだった。ほんとうにキツネがイヌになっている！　とリュドミラは思った。きょうだいのなかで尻尾を振るのはアンバーだけで、まるで彼女に会うのがうれしくて呼びかけているようだった。

人への反応として尻尾を振るのはイヌの形質のひとつであり、その日までそれが観察されたのはイヌだけだった。リュドミラがテストしてきたほかの子ギツネたちは、尾を振ったことがなかった。飼育されていても野生でも、キツネがそんな行動をするなんて前代未聞だった。キツネは互いに尻尾を振ったり、からだについたノミやその他の虫を払うために振ることもあるが、近づいてくる人間への反応として子ギツネが尻尾を振るのを観察されたのは、この時が初めてだった。

リュドミラはすぐに感情を落ち着けた。あまり大げさに考えてはいけない、まだ、と自分に言い聞かせた。アンバーが近づいてくる彼女への反応で尻尾を振りはじめたのは明らかだったが、それを確実にするには検証する必要があった。次に彼女がアンバーとそのきょうだいたちを見にいくときに、彼が尻尾を振りはじめるかどうか、注意深く観察するのだ。それでも、これは心躍るできごとだった。尻尾を振ることは、イヌに似た行動がキツネに出現する最初の兆候かもしれない。リュドミラは、その朝、見回りを続けながら、ほかの子ギツネも彼女に尻尾を振ってくれることを願った。しかしそんなことをするキツネはほかにはいなかった。その日も、その後二週間のあいだにも、ほかの子ギツネは誰もそんなことをしなかった。しかしアンバーは尾を振りつづけ、それも間違いなく彼女が近づいていくと振りはじめた。また、世話係の職員の注目にも反応して尻尾を振った。

アンバーはただの異常なのだろうか？　あるいはベリャーエフとリュドミラは動物の行動の遺伝的起源を発見したのだろうか？　イワン・パブロフと彼の行動主義の研究の後継者らは、イヌの人間に対する行動は、イヌがベルの音で唾液を分泌するようにパブロフが条件付けしたように、尻尾を振ることをふくめて、条件付けの結果であると主張した。しかしそのようにして動物が新たな行動を習得するには、その行動と関連付けた刺激に何度もさらされる必要がある。アメリカ人心理学者のB・F・スキナーは、パブロフの有力な後継者のひとりであり、彼がオペラント条件付けと呼ぶ別の種類の条件付けを実証した。この条件付けでは、動物がある行動をするたびに褒美を与える。スキナーがおこなった悪名高い実験ではラットが脚でレバーを押すたびにペレット状の食べ物を与えた。最初、ラットはたまたまレバーを押していたが、何度もペレット状の食べ物が現れると、意図的にレバーを押しはじめた。この方法はイヌからアザラシ、イルカ、象まで、あらゆる種類の動物を訓練するために利用された。しかしアンバーがリュドミラに尾を振りはじめたのには、どちらのタイプの条件付けも関係なかった。アンバーはただ自発的に尻尾を振りはじめたのだ。この小さな子ギツネは、ベリャーエフがそうなると予言したとおり、キツネが新たに得た生得のイヌ似の行動を示している先駆者なのではないか？　しかし、何度くり返しても、一匹の動物が新たな行動を見せたことだけでは、例外的な行動なのかもしれない。アンバーの子供である次世代の子ギツネのいずれか、あるいは来春に生まれる子ギツネの誰かが尾を振るキツネだったら、すごいことだ。

リュドミラはアンバーの世代では、ほかに特筆すべき新しい行動は観察できなかったが、彼女がテストする際に、先の世代よりも明らかに従順な子ギツネが多いということに気づいた。そして従順な雌ギツネのなかで、野生の通常のタイミングよりも数日早く発情期に入る個体が増えた。それは実験が重要な結果をもたらしているという好ましいしるしだった。

リュドミラはすぐにベリャーエフにこのことを知らせたかったが、細胞学遺伝学研究所に戻るまで待たなければならなかった。レスノイから戻るといつもすぐに彼とミーティングをおこなうのが普通だった。このミーティングは、ふたりで新たな発見を徹底的に議論し、実験結果が意味することについての考えを共有するめったにない機会をもたらすもので、リュドミラにとっては特別なものだった。ベリャーエフは、キツネの実験についてもっとリュドミラと話す時間を増やしたい、定期的にキツネを見にいきたいと願っていた。しかし彼は研究所を運営するという仕事で忙しく、これまでレスノイを訪れたのはどちらも短時間でわずか二回だけだった。リュドミラが新たな知らせをもって研究所に戻ってきたときのこれらのミーティングは、彼にとっても特別なものだった。

ベリャーエフはリュドミラを自分のオフィスに招き、お気に入りの紅茶――インドとセイロンのスペシャルブレンドで、彼の秘書によれば「例外なく毎回」一個半の砂糖を入れる――を注文した。彼はまずリュドミラに、彼女と夫と娘と母親はどうしているかと尋ねた。レスノイへの出張が彼女の家族に負担をかけているのを気にしていたからだ。それからリュドミラ自身の調子はどうかと尋ねた。ベリャーエフはとんでもないペースで働き、きわめて意欲的な人物だが、自分の部下らに対してそんなふうに気を遣う一面もあり、リュドミラにとって長距離の旅がどれほど大変なことかを理解していた。リュドミラがそろそろ幼児という年頃の娘マリナと過ごす時間を削られているということも。リュドミラは次のように回想している。「わたしの心のなかに何か問題があれば、彼〔ベリャーエフ〕はそれを感じた。そしてわたしが何か話そうとすると、ひとこと言い終わる前に、わたしが何を言わんとしているのか彼は理解していた」

リュドミラは、今回のミーティングでとりわけ興味深い知らせがあるのがうれしかった。彼女は、一部のキツネが以前の世代とくらべてかなりおとなしくなっていること、少し長い生殖期をもつ雌ギツネが増えたことを話した。そしてアンバーが尾を振ったことを打ち明けた。ベリャーエフも、それは重要かもしれないという意見だった。アンバーはどうやら人に対する新たな感情的反応として尻尾を振っているようだ。もしほかの子ギツネも尻尾を振るようになったら、それは家畜化のプロセスの大きな一歩と証明されるかもしれない。果たしてそうなのか、結論は待つしかないが、これまですでに記録した結果でじゅうぶんな内容だったので、ベリャーエフは世界の遺伝学コミュニティにそれを発表する潮時だと判断した。そうするための完璧な機会が彼の手元にあった。というのも、一九六三年にオランダのハーグで開催される国際遺伝学会議にて発表の枠を確保していたからだ。ルイセンコが巧みに権力を得てから数十年ぶりに、ソ連政府は遺伝学者らをこの会議に派遣することになっていた。ルイセンコが権力闘争に敗れつつある明らかなしるしだ。五年ごとに開かれるこの国際会議は世界の遺伝学にとってもっとも重要な会議であり、「見逃せない」遺伝学の集まりだった。ベリャーエフは自分が確実に出席できるようにした。

ここ数年間、ロシアの遺伝学コミュニティはルイセンコに対する戦争を続けており、より広範な科学コミュニティも加勢していた。一九六二年、ソビエト連邦でもっとも尊敬された物理学者三人がルイセンコの功績に対して公に激しい非難を展開した。それでもルイセンコは二年間、遺伝学研究所の所長に留まったが、物理学者アンドレイ・サハロフが一九六四年に科学アカデミーの総会でルイセンコをこき下ろす演説をおこない、「ソビエト生物学の恥ずべき後進性……多くの天才的な科学者の名誉棄損、逮捕、悪くすれば死亡」はルイセンコのせいだと非難した。ルイセンコは権力の座から追放された。その後まもなく、政府は公式にルイセンコを糾弾し、その業績を否定した。ベリャーエフは大よろこびしていたと妻は語る。ソビエト遺伝学はようやく失われた時間を取り戻しはじめた。

ハーグの遺伝学会議での発表でベリャーエフは、キツネの実験を導いた、従順性を対象とする選択が家畜化につながったという仮説を紹介した。それから実験がどのようにおこなわれているのかを正確に述べ、試験的研究における発見から最新の結果までをひと通り説明した。聴衆は感銘を受けた。このような家畜化の実験は前代未聞で大胆な試みだった。世界有数の遺伝学者と広く認められた、カリフォルニア大学バークレー校のマイケル・ラーナーも同会議に出席していたひとりだった。その後彼はベリャーエフに自己紹介して、二人は実験について語り合った。ラーナーは実験の範囲と独創性に感心し、彼とベリャーエフは互いの研究について共有するために文通を始めた。ベリャーエフがこの会議に出席したおもな理由のひとつが、西側の遺伝学者たちに実験のことを知ってもらうことであり、ラーナーほど適任の人物はほかにいなかった。数年後にラーナーは、動物の育種についての教科書にベリャーエフの実験の結果を載せた。このテーマでは主要な書籍だ。ベリャーエフは友人への手紙に次のように書いた。「自分の研究への論及を見つけてうれしかった」[1]

自分の研究にソビエト圏外からそのような高評価を得ることはソビエトの科学者にとっては不可能に近いことだった。ようやく西側でおこなわれている研究の最新情報を追うことは可能になり、一部の科学者は一部の海外の会議に出席することを許されたが、冷戦たけなわでソビエト連邦政府は科学者がソビエト圏外の学術研究誌に論文を送ることを禁じていた。ときには西側からの訪問者に託して論文をこっそり国外に出すこともあったが、大部分の研究や論文は西側で知られることはなかった。

ベリャーエフはこの孤立について研究所職員らが感じている不満をよくわかっていた。近年、西側の遺伝学は大きく発展している。ベリャーエフは、配下の研究者らが西側で研究発表することは手伝えなかったが、少なくとも彼らの研究が最先端のものになるよう手助けすることはできた。彼は細胞学遺伝学研究所を一流の研究センターにするべく奮闘し、ドゥビニンが彼を後継者に選んだときに予想したとおり、最高の才能の見いだし方を心得た強力な指導者となった。キツネの実験は研究所でおこなわれている重要なプロジェクトのひとつだった。ほかの研究者らは多数の種の染色体を集めて保管記録する一大プロジェクトのような基礎遺伝学研究をおこなっていた。また細胞機能がどのようにつくられるのかを調べている人もいた。作物育種の研究もあった。

ベリャーエフは研究所の職員と学生の双方に仲間意識を育てることを目指していた。研究所の建設が何年も停滞しているせいでそれは難しくなっていた。細胞学遺伝学研究所の職員、研究者、学生、総勢三四二人は五つの異なる建物に散らばっていた。[2] 一九六四年、政治的交渉に鋭い感覚を発揮して、ベリャーエフはようやく全員をひとつの場所にまとめることができた。新しい建物の建設がようやく動きはじめたとき、勢力を増しつつあったアカデムゴロドクのコンピューティング・センターが、その建物は細胞学遺伝学研究所よりも自分たちにふさわしいと陳情をおこなったが、ベリャーエフは彼らの機先を制した。建物が完成すると、落成式がおこなわれる前に、研究所の職員らに入居を始めるように指示した。彼らはある週末に引っ越しを完了し、コンピューティング・センターの長がその話を耳にしたときには、そこが細胞学遺伝学研究所のものだということは既成事実となっていた。[3]

その晩、ベリャーエフはよろこびを噛みしめた。これで管理職としての大きな仕事を終え、科学に専念できる。彼はよく、研究者や学生のグループを招いて、彼らの研究について話し合っていた。彼は秘書に言った。「今夜は祝うぞ、これで科学をやれる！」秘書に指示して人々をオフィスに呼び出し、仕事の会議を開いた。研究者らにとってこれは残業だったが、ベリャーエフが活発な議論を主導して、有意義な集まりとなった。出席者たちの話はかなり弾み、彼のオフィスからは大声もたくさん、笑い声もたくさん聞こえてきたと秘書は回想している。それはまさにベリャーエフがこうあるべきと望む科学的な議論だった。彼が子供の頃に兄ニコライと出席したチェトベリコフ研究室の「怒声会合」の再現だった。

そうした会合は細胞学遺伝学研究所から歩いてすぐの場所にあるベリャーエフの自宅でもおこなわれた。妻スベトラーナはおいしい夕食をつくり、九時くらいに時事問題についての熱気ある会話をしながら食事した。「彼はすばらしいストーリーテラーで役者でした」ベリャーエフの生徒で、のちに同僚になったパーベル・ボロジンは語る。「ただ話をするということは一度もなく、いつも英雄の役」を生き生きと演じた。夕食後、彼らはベリャーエフとともに二階の書斎に向かい、さらに科学や学術誌に掲載された論文について話し合った。

リュドミラはこうした会合、そしてキツネの実験の興味深い発見の重要性について同僚たちがおこなう討論をとても楽しみにしていた。彼らは初期の結果に関心を引かれ、これほど早い変化を引き起こしたのは何かについて、さまざまなアイディアの応酬をしていた。まもなくリュドミラは驚くべき新たな発見を彼らに伝えることになる。

一九六四年、リュドミラは新たな（第五世代の）子ギツネたちに大きな変化は何も観察できなかった。その年の一月、彼女はアンバーを従順な雌ギツネと交尾させて、その子供たちのなかから尾を振る個体が出てくることを期待したが、結果は誰もいなかった。ほかの雌ギツネに生まれた子ギツネたちも誰も尻尾を振らなかった。しかしますます多くの子ギツネが明らかにより従順になっていた。

次の世代の子ギツネたちは、まったく事情が違った。一九六五年四月に生まれたばかりの第六世代の子ギツネを観察するためにレスノイを訪れたリュドミラは、子ギツネたちがイヌに似た一連の行動をしているのに気づいた。子ギツネたちは、彼女が近づいていくと、囲いの壁に前脚をついて伸びあがり、彼女に鼻先をすりよせたり、あおむけに寝たりした。明らかに腹をなでられたがっている。リュドミラがテストのために囲いのなかに手を差し入れると、子ギツネたちはその手をなめた。彼女が離れようとすると、子ギツネたちはくんくんと甘えるような鳴き声をあげた。まるでそばにいてほしがっているかのように。この子ギツネたちは世話係の職員に対しても同様にふるまった。アンバーの尻尾振りと同じく、野生でも飼育されていても、キツネのこうした行動は誰も見たことがないものだった。食べ物が欲しいときや母親にかまってもらいたいときに子ギツネが甘えるように鳴くことはあったが、人間の気を引くためにそんな鳴き方をすることはこれまでなかった。世話係の手をなめるということも、一度もなかった。リュドミラは子ギツネたちの引き留めにとても心を動かされて、がっかりさせるのが忍びなくなり、囲いに戻ってもう少し長居することが増えた。疑問の余地はまったくなく、この子ギツネたちは歩けるようになるとすぐに、人間との接触を求めた[4]。

ベリャーエフとリュドミラはこれらの新たな行動を示している少数のキツネたちを「エリート」と呼ぶことを決めた。二人は厳密な分類計画を立てた。実験者から逃げたり、人に対して攻撃的だったりするキツネはクラスⅢ、人に触られても平気だが、実験者に感情的な反応をいっさい見せないキツネはクラスⅡ。クラスⅠとなるのは、友好的で、甘える鳴き声を出したり尻尾を振ったりするキツネたちだった。そしてクラスⅠEとなるエリートは、それら二つに行動に加えて、明らかに人の気を引くようにくんくん鳴くということが加わる。リュドミラが観察のために近づいていくと、彼らはくんくんとにおいをかいで、手をなめ、明らかに人間との接触を望んでいる。

翌年、アンバーはまた別の子どもたちの父親となり、リュドミラはこのきょうだいのなかから尻尾を振る個体が現れるのを期待していた。しかしまたしても、尾を振る個体は一匹もいなかった。しかし翌一九六六年、アンバーが子ギツネたちの父親となること三回目にして、そのうちの数匹が尾を振った。

アンバーは例外ではなく、先駆者だったのだ。ベリャーエフとリュドミラは、尾を振ることが遺伝性だということのある程度の証拠を得られた。

第七世代では、さらに多くの子ギツネが、甘え鳴きをする、手をなめる、あおむけに寝て腹をなでさせるといった行動をした。しかしアンバーの子孫以外の子ギツネたちには尾を振る個体は一匹もいなかった。変化は異なる家系で異なる現れ方をしていた。従順なキツネの一部の遺伝子構造に何かが起きていて、それがキツネたちに自発的に一連のまったく新しい行動をさせている。そしてますます多くの子ギツネたちに変化が現れている。第六世代では、子ギツネの一・八パーセントがエリートだった。第七世代では、およそ十パーセント。第八世代では、尾を振るだけでなく、従順なキツネの一部に巻いた尾が現れた。これもまた、イヌに似た形質だ。

注目に値するのは、動物の成長のごく初期の段階で、これほど多くの多様な行動の変化が現れるということだ。自然選択は発達の型を安定させ、ある形質がひとたび初期に発達の定型に入るとそれが変化することはほとんどない。それはおそらく、成長のこれらの段階が生存のための闘いにきわめて重要だからだろう。たとえば子ギツネたちがほぼ決まった日数で目を開け、ねぐらから出てくるのはそういう理由だ。しかしもっとも従順な子ギツネたちは、そのルールさえも破っていた。リュドミラの綿密な観察によって、従順な子ギツネは普通の子ギツネより音に反応するのが二日早く、目を開くのが一日早いとわかった。まるでこれらの小さなキツネたちは早く人間と交流を始めたがっているかのようだと、リュドミラはひそかに考えた。

従順で新たな行動をおこなう子ギツネの観察を続けるうちに、そうしたキツネたちは新たな行動を取るだけでなく、あらゆるキツネに見られる子ギツネの行動をより長期にわたって保持することがわかった。ごく幼い頃の子ギツネは、あらゆる動物の幼体と同様に、好奇心が強く、遊び好きで、比較的警戒心が薄いが、生後四十五日頃になると、野生のキツネも飼育されているキツネもその行動が大きく変わる。その時点で、野生の子ギツネたちはひとりで出かけはじめ、かなり用心深く臆病になる。従順な子ギツネたちは、生後約三カ月まで、つまり野生のほぼ二倍の期間にわたって典型的なわんぱくさと好奇心を保ち、その後も明らかに通常のキツネよりも落ち着いていて、より遊び好きなままでいる。こうした従順なキツネたちは、成熟することに抵抗しているかのようだ。

開始から十年もしないうちに、実験はベリャーエフの予想よりも多くのことを成しとげた。アカデムゴロドクに実験用キツネ飼育場を建設し、実験規模を拡大すべき時が来たと彼は考えた。実験に特化した独自の飼育場があれば、多数のキツネを収容可能になり、リュドミラは年に四回ではなく常時キツネたちの観察ができるようになる。ベリャーエフは研究所の実験助手や学生を彼女の研究支援に向け、細胞学遺伝学研究所はキツネたちに起きつつある変化のより詳しい分析をおこなうことが可能になる。なにより、ベリャーエフ自身が定期的にキツネの様子を見にいける。研究所の運営管理の仕事および会議や講義をおこなうための頻繁な出張という負担のせいで、彼はレスノイを訪れても短時間しか滞在できなかった。レスノイのキツネたちがこれほど有望な結果を出していることを考慮すれば、実験用飼育場の建設・維持費に必要な資金を割り振ることを正当化できるはずだ。今やベリャーエフにはそれを実現するだけの権限もあった。彼は飼育場用の土地を探しはじめた。

一九六七年五月のある日、リュドミラがまとめた第七世代のキツネのデータを熟読したベリャーエフは、興奮した様子で彼女をオフィスに呼び出した。さまざまな考えが頭に浮かんで、前夜は一睡もできなかったという。キツネに起きている変化の原因についてある考えがあると言い、リュドミラに研究者をたくさん彼のオフィスに集めるように指示した。全員が落ち着いたところで、ベリャーエフは言った。

「家畜化実験でわれわれが目にしていることが何か、もう少しで理解できそうだ」

キツネの変化のほとんどには、形質のスイッチが入ったり切れたりするタイミングの変化が関わっているとベリャーエフは理解した。従順なキツネの変化の多くは、未熟な形質を通常よりも長く保っているということが関与している。くんくん鳴くのは幼体の行動で、通常は成熟とともになくなる。おとなしさもそうだ。子ギツネは生まれてすぐはとてもおとなしいが、成長するにしたがって一般的には神経質になる。雌ギツネの生殖器系にもタイミングの変化が起きている。発情期が通常よりも早く訪れ、長く続いている。

ホルモンは、成長や生殖系のタイミング調節への関与が知られている。また動物のストレスや落ち着きのレベルの調整もしている。従順なキツネにはホルモン生成の変化が起きており、これこそが家畜化プロセスの中核なのだとベリャーエフは確信した。これが事実なら、家畜化された動物が野生の近縁種よりも幼く見える理由や、自然の発情期以外でも生殖が可能な理由、さらに彼らが人間の周りでおとなしい理由も説明がつく。

二十世紀はじめのホルモンの発見は動物生物学の土台を揺さぶった。当時は神経系の基本的な働きの全体像がようやくわかってきたところであり、脳と神経系は動物の行動を司る伝達系だと思われていた。それが突然、わたしたちの身体は化学的な伝達システムによっても制御されていて、それは神経ではなく血管を通して働いているようだということになった。最初に発見されたセクレチンは消化に関わるホルモンだった。まもなくアドレナリンが単離された。その名前の由来は副腎（adrenal grand）でつくられるからだった（エピネフリンとも呼ばれる）。つぎつぎとホルモンが発見され、一九一四年のクリスマスには、甲状腺（thyroid）でつくられるチロキシンが単離され、一九二〇年代から三〇年代にかけて、テストステロン、エストロゲン、プロゲステロンと、それらのホルモンの生殖活動を調整するという役割が発見された。やがて研究によって、そうしたホルモンのレベルの変化が通常の生殖周期に著しい影響を及ぼすということがわかり、経口避妊薬の生産につながり、同薬は一九五七年に市販された。

その他二つの副腎皮質ホルモンであるコルチゾンとコルチゾールは一九四〇年代半ばに単離され、アドレナリンとともにストレス・レベルを制御することから、ストレス・ホルモンと呼ばれた。アドレナリンとコルチゾールのレベルは知覚された危険への反応として高まり、「闘争・逃走」反応の鍵を握る。一九五八年、また別のホルモンが単離され、メラトニンと名付けられた。このホルモンは松果体から分泌され、皮膚の色素沈着への影響に加えて睡眠パターンおよび生殖周期を調節するのに重要な役割を演じている。研究によって、ホルモンが器官に対してもつ作用がひとつだけであるということはほとんどないことがわかった。ほとんどのホルモンは、さまざまな形態学的・行動学的形質一式に作用する。たとえばテストステロンは、睾丸の成長だけでなく、攻撃的行動、さらには筋肉、骨量、体毛、その他多くの形質に関わっている。

ベリャーエフはホルモンについての文献を読み、ホルモンの生成は、実際にどうなっているのかは不明だが、どうも遺伝子によって制御されているらしいと理解した。ホルモン生成を調節している遺伝子または遺伝子の組み合わせが、従順なキツネで観察されている変化の多く――おそらくすべて――の原因だろうとベリャーエフは考えた。従順性を対象とする選択がきっかけとなり、そうした遺伝子の働き方が変化した。自然選択は野生ではキツネとその行動をつくるホルモンの処方箋を安定化する。彼とリュドミラが実施している従順さの選択は、その処方箋を不安定化した。

なぜそんなことが起きているのだろう?とベリャーエフは考えた。動物の行動と生理の安定化は厳密にその動物が棲む環境に適応したものだ。発情期は、食べ物と日照の条件が生まれる子供の生存にもっとも有利な時期と一致するように決まった。被毛の色は自然環境のなかで身を隠しやすいような色になる。ストレス・ホルモンの生成は、生息する環境で危険に遭遇した場合に闘争・逃走できるように最適化されている。しかし、まったく異なる環境に移されたらどうだろう? そこでは生存のための条件も変わってくる。飼育されているキツネたちに起きたのはそういうことだ。今や彼らの環境では、人間の周りで従順でいることがもっとも有利になった。そのため野生における自然選択の結果としての行動と生理の安定化は、もはや最善の処方箋ではなくなり、調整がおこなわれたのだ。そうした変化圧のもとでは、動物の遺伝子の活性パターン――身体機能を制御する方法――も劇的に変化するのかもしれないし、変化の連鎖が始まったということかもしれない。なかでも鍵となるのが、動物を環境に最適化するという重要な役割を担っているホルモンの調節やタイミングや変化だというのは理にかなっている。後にベリャーエフは、この仮説に神経系の変化も加えることになる。彼は新たなプロセスを「不安定化選択」と名付けた。[5]

リュドミラやほかの人たちはこの考えに納得するのに時間がかかった。この学説は急進的だった。関係する遺伝子の活性が突然変異なしに変わるという概念は、まだ文献に出はじめたばかりだった。動物の変化の一部は遺伝子の突然変異によるのではなく、すでに存在する遺伝子が新たな方法で活性化したり不活性化したりすることによっても生じるという、この推理に至ったベリャーエフは科学コミュニティより先んじていた。この時まで、実験をおこなっていても、科学的な意味では本物の推論もなく、当てずっぽうでやってきたが、これで推論ができた。まだそれを証明できてはいないが、もしこの推論が合っていれば多くのことの説明がつく。そしてうまくいけば、やがて、キツネの実験でこの考えをテストできるようになるだろうとベリャーエフは期待した。

ベリャーエフは、研究所からわずか四マイルの場所にあるマツ、カバ、ポプラの森の一角にいい土地を確保し、キツネ飼育場の建設を監督した。必要最低限の建築だった。木造の小屋が五棟建てられ、それぞれに五十の大きい囲いが納まった。餌やりは滑車装置でおこなわれ、作業員らはそれで餌の入ったバケツを上下に動かした。各小屋の裏には柵で仕切られた十平方メートルの運動場があり、キツネたちは毎日そこで走ったり遊んだりできた。まもなく十五メートルの高さの物見櫓が建てられ、リュドミラはそこで椅子に座って双眼鏡でキツネたちを観察し、キツネたちに気づかれることなく、彼らがどのように遊ぶのか、互いにどのように交流するのかを記録できるようになった。また動物病院も併設され、病気やけがのキツネはすぐに診察・治療を受けられるようになった。

一九六七年の秋、リュドミラは雌ギツネ五十四と雄ギツネ二十四の、レスノイから新たな実験飼育場への移動を手配し、その後も多くのキツネがやってきた。最後に百四十四の従順なキツネたちがレスノイから送り出された。そのうち五から十パーセントがエリートだ。リュドミラは飼育場の運営責任者と協力して、少人数から成るキツネの世話係チームを雇い入れた。彼らの仕事は一日二回キツネに餌を与え、運動場に出して遊ばせることだった。リュドミラは、雇う職員を慎重に選んだ。キツネをこわがらないのはもちろんのこと、キツネといっしょにいることを楽しみ、よく面倒を見てほしかったからだ。そうした職員は熱心にキツネの世話をし、多くはキツネを愛するようになる。

世話係のほとんどは、近くの町カリンスカヤ・ザイムカに住む地元の女性たちだった。ベリャーエフは毎日彼女たちを送迎するバスを手配した。自分が希望するほど頻繁ではなかったが、時間が見つかれば飼育場を訪れて、その時はできるだけ飼育係の彼女たちと話をするように心がけた。職員を見かけると近づいていって自己紹介をし、握手を求めた。ある女性職員は、手ががさがさだったので、汚いからと遠慮したのだが、ベリャーエフは彼女の手を取って言った。「働いている人の手が汚いなんてことはありません」[6] 大きな科学研究所の所長である高位の人間が、このように温い応対をしてくれたことに、彼女は感激した。

　世話係たちはすぐにキツネを大好きになった。熱心にキツネたちを見守り、仕事の域を大幅に超えるほど手厚く世話をして、注意していたおかげで、凍え死んでいたはずの多くの子ギツネの命を救った。母ギツネが出産直後から子ギツネをネグレクトして、早春の寒い気候にさらしてしまうことがある。四月でも気温は氷点下に落ちることがあるが、世話係の女性たちはかぶっている厚い毛皮の帽子を取って、小さな毛玉のような子ギツネをそのなかに入れ、お腹のシャツのなかに入れて、子ギツネが動き出すまで温めてやった。

　めったにないことだったが、飼育場に訪問者があると、世話係は従順なキツネをなでて抱き上げ、キツネがどれほどおとなしいか、客人に見せることもあった。もっとも従順なキツネは、完全に成体となった後でも、世話係が両腕で抱っこしたり、ぎゅっと抱きしめたりすることを許した。シベリアの厳しい寒さのなかではいい感触だっただろう。人の腕の中でもぞもぞと動くキツネもいたが、あまりにも従順でまるで何かに魅了されているように見えるキツネもいた。

　二、三のキツネは、世話係が毎日の見回りでケージのなかに手を差し入れると、その手をなめた。それは飼育係がけしかけてさせたことではなかった。彼女たちには、キツネがどんなにかわいらしくても、関心を引こうとして大声で鳴いても、すべてのキツネに対してできるだけ客観的であるようにという厳しい規則があった。しかし、もっとも従順なキツネたちが甘えるように鳴いたり悲しそうに鳴いたりする時や、世話係が小屋に入っていくと、その関心を引こうとして競い合い、「その子に構わないで、わたしのところに来て！」とでも言うかのように大騒ぎする場合などは、それが難しいこともあった。

　これらの従順なキツネたちは世話係とも、リュドミラや研究助手とも強いつながりを確立した。キツネたちは人間がまっすぐその目を見ることを許し、見つめ返してくるように見えた。イヌ科を含む野生動物では、グループのほかのメンバーの目をまっすぐ見ることは挑戦と受け取られて攻撃につながり、人間がそうすれば攻撃を招く。しかし家畜化された種は、多くのイヌもそうだが、人間の目を見つめるのは普通のことだ。[7]従順なキツネたちも、そうするようになった。

　世話係はキツネをなでるのは我慢していたが、キツネによく話しかけるようになった。いつも名前で呼びかけた。名前はケージの上に吊り下げた木片に書かれていた。なかには給餌したり運動場に出して遊ばせたりするとき、小屋のなかを動き回りながらたえずキツネたちに話しかけている世話係もいた。彼らはどんどんキツネに献身的になり、キツネの世話という仕事に熱心に取り組んだ。飼育場で生まれた最初の子ギツネたちからは、リュドミラが子ギツネに名前をつけるとき、世話係の女性たちが手伝うようになった。なにしろ一度に生まれる子ギツネ六匹から七匹の名前を、母親の名前の頭文字を取ってつけなければならないのだから、大変だったのだ。世話係の女性たちはリュドミラの目と耳になって、子ギツネが餌を食べなかったり、風邪を引いたようだったり、身体をかきむしっていたり、なんとなく様子がおかしかったりすると、すぐに知らせた。その多くはシフトより残業することも多々あったが、けっして文句を言わなかった。ほとんどが、できるだけ長くキツネといっしょにいたいと思っていた。

リュドミラも同じだった。彼女はつねに膨大なデータ分析や結果の執筆に追われていた。毎朝まずは細胞学遺伝学研究所に出勤して、その作業をおこなった。ベリャーエフと会えれば、キツネの最新情報を報告し、今後の計画を伝えた。しかしその後は飼育場へ向かい、それからが彼女の一日のなかでもっとも好きな時間だった。最初に立ち寄るのは獣医のオフィスで、キツネの誰かに何か問題が起きていないかを確認する。それから職員たち、正確には世話係たちと話してから、キツネ小屋の見回りをおこなう。キツネたちはケージの前面に飛びだしてきて、リュドミラの関心を引こうとクンクン鳴き声をあげ、彼女がケージからケージへと移るのをじっと目で追う。新たな飼育場ができてから、リュドミラは時間ができると、とくに元気を出すことが必要なときには、飼育場に足を向けるようになった。「わたしは飼育場に行って、キツネたちと話をしました」と、回想している。

通常、リュドミラは一日に三時間から四時間をキツネたちにあてていた。そのかなりの部分は、標準的な日々のデータを集めることに使った。キツネたちの行動、サイズ、成長の度合い、被毛の色、全体的な体型、そして子ギツネたちには、いつ目を開けたかといった成長の節目を記録した。また、キツネたちの彼女や助手や職員らに対する態度も、毎日メモしていた。子ギツネたちが互いにどのようにふるまうか、誰が人間の手をなめたか、誰が尻尾を振ったかも記録した。次の世代の親となるキツネを選ぶための「公式」行動データは、個体が子ギツネのときに一度と、成長してからもう一度集められることになっていたが、こうした日々のキツネの行動についてのメモは、リュドミラとベリャーエフに、生じている変化についてのより詳細で深い評価をもたらし、きわめて重要だった。

飼育場にはスペースに余裕があったので、リュドミラは対照群のキツネの繁殖を始めた。そうすることでこれらのキツネと、従順さを対象として育種されたキツネとの行動や生理の違いを比較することが可能になった。この比較研究の重要な要素は、二つのグループのホルモンレベルを測定することだ。とくにベリャーエフとリュドミラが、キツネが従順になったことに関係していると確信している、ストレス・ホルモンに焦点をあてる。リュドミラはレスノイでは、時々しか、キツネの血液サンプルを採取できなかった。彼女と助手が血液を採取するあいだ、職員たちにキツネを押さえつけていてもらわなければならなかったからだ。今では、定期的に血液サンプルを採取できた。この手間暇のかかる血液サンプル採取がやがて、豊かな結果を生み出すことになった。

実験用飼育場のもうひとつの良いところは、ようやくベリャーエフもキツネたちをよく知ることが可能になり、細胞学遺伝学研究所でのほんの少しの空き時間を利用したりして、できる限り頻繁に飼育場を訪れるようになったことだ。彼はとくに、子ギツネたちが運動場で遊ぶ様子を観察するのが好きで、従順な子ギツネたちと対照群の子ギツネたちの行動の明らかな違いを自分の目で確かめた。ベリャーエフがやってくると、リュドミラはいつももっとも従順な子ギツネを外に出して、その子ギツネたちが彼の手をなめたり、あおむけになって腹をなでさせたりするようにした。ベリャーエフは従順な子ギツネに夢中になり、彼らがいかにイヌに似てきたか感心して、人々にその話をするときには子ギツネのまねをした。彼の自宅で催された職員との夕食会で物語を演じたときのように。研究所にいたある研究者は、「キツネの話をするとき、ベリャーエフはまるで人が変わったように、そのふるまいも、話し方も、従順なキツネのようになっていました」と語っている。何かをねだるように手首を丸めて、キツネたちの興奮した表情をまねて目をいっぱいに見開いてにっこり笑った。これを見た職員たちは、彼の新たな面を見て、彼がいかに動物好きなのかを知り、とてもよろこんだ。

ベリャーエフは、キツネを見せるために、ソビエト科学アカデミーの高官やアカデムゴロドクを訪れた政府の役人を連れてくることもあった。彼らは皆、従順なキツネたちに魅了された。リュドミラはあるときの訪問のことをよく憶えている。「夕方遅く、職員たちが全員帰宅したあとで、ベリャーエフが著名な陸軍大将のルーコフ将軍をキツネ飼育場に連れてきました。わたしは事前に連絡があったので、この有名人の客を待っていました」ルーコフは、第二次世界大戦のソビエト前線における恐ろしい経験もした長年の軍務で軍人らしい態度が身についた堅苦しい人物だった。それでも、リュドミラがエリート雌ギツネのケージを開けて、キツネたちが彼女のそばにやってきて横たわると、将軍の威厳に満ちた態度がやわらかくなった。「ルーコフは驚いていました」リュドミラは言う。「キツネの隣にしゃがみこんで、その頭をずっとなでていました」従順なキツネが人間に強力な感情的影響を及ぼすのは間違いなかった。この影響の研究は、実験計画の中心的な要素ではなかったが、これは重要な発見であり、家畜化がどのようにして始まったのかを説明する一助となるかもしれなかった。

従順なキツネのあいだで急速に現れつつある、人への関心を示すそうした行動は、オオカミの家畜化は動物がより従順になったことをきっかけに始まったとするベリャーエフの考えに合致する。家畜化プロセスがその後なぜ加速していくのかについて、重要なヒントが実験によってもたらされたのかもしれないと、ベリャーエフは考えた。

オオカミの家畜化について長年言われてきたのは、人間がオオカミの子供、それも特別にかわいらしい、顔立ちや体つきが幼い形質をもつ個体を飼いはじめたということだ。しかし、もし最初に接触を始めたのが人間ではなく、オオカミだとしたらどうだろう？　従順なオオカミは当然ながら人間に対してより積極的で、食べ物を求めて人間の集落に入っていったのかもしれない。夜行性なので、夜、人間たちが眠っているうちに忍びこんだのだろう。あるいは人間の狩猟グループの後をつけていって、残り物をあさることを憶えたのかもしれない。比較的、人間の存在が平気な――もともと半従順な――オオカミがそうした理由はわかりやすい。人間は自然よりずっと頼りになる食料源だったからだ。しかしなぜ人間はオオカミを自分たちの住む場所のなかに受け入れたのだろう？ イヌになる途上のオオカミは狩猟を手伝い、斥候役をつとめたり、迫る危険を警告したりしたのだろう。だがそうした機能を果たすようになる前の、移行期の初期段階があったはずだ。もしギンギツネの家畜化のプロセスが、オオカミの家畜化プロセスをなぞっているのなら、おそらくこうした愛らしい、人への関心を示す行動は、オオカミにも初期で現れたはずだ。そしてそれがわれわれの祖先にとって、魅力的であったのかもしれない。[8]

しかしそもそも、オオカミにそうした行動の変化の出現を促したものはなんだったのだろう？ リュドミラは繁殖のために、もっとも従順なキツネを積極的に選択している。初期人類も同様なやり方で積極的にオオカミを繁殖させていたと考えるのは妥当だろうか？ あるいはその必要もなかったのかもしれない。自然選択は、人間のような頼れる食料源へのアクセスをもつオオカミたちに有利に働いたのだろう。人間と親しいオオカミの近くには、同じように人間と親しくなったオオカミがいて、発情期には自分と似た半従順なオオカミをパートナーに選んだ。そう考えると、キツネの実験が加えているのは、まったく新しい選択圧だということになる。リュドミラとベリャーエフがキツネたちで見てきたように、従順さが有利となるこの新しい選択圧は、彼らの目の前で従順なキツネたちに起きているような変化を引き起こすのに十分だった。そのプロセスは、リュドミラの人為選択よりずっと長い時間がかかっただろう――オオカミではそうだったと考えられている――しかし、同じ基本的な力が働いていたのかもしれない。

またベリャーエフとリュドミラは、キツネにおける人の心を引きつける行動の早期出現は動物の表現の進化に、そして当時激しい論争の的になっていた動物の感情の性質にも、重要な新しい視点をもたらすのではないかと考えた。動物が人の感情のようなものを感じるのか、感情の表現のように見える動物の行動は本当にそうなのか、それとも自動的な反射なのかという論争が数十年来続いていた。

チャールズ・ダーウィンは動物の感情に強い関心をいだき、そのテーマで広範な研究をおこない、彼の古典的著作である『人および動物の感情表現』にまとめた。一八七二年に出版された同書は、ダーウィンが当時の一流の動物画家らに依頼して描かせた、背を丸めて尻尾を高くあげて愛情を示すネコや服従と愛情のこもったポーズをとるイヌなどの動物の表現を描いた美しいイラスト入りの本だ。

ダーウィンは多くの動物には豊かな感情生活があると考え、彼らの感情は、そして彼らの思考力も、人間のものと連続性があると論じた。「人と高等な動物の心の違いは大きいが」ダーウィンは『人間の由来』のなかで述べている。「その違いは度合であって種類ではないことは確かだ」。『人および動物の感情表現』では一貫して、動物に対する共感および動物たちが感じられる感情の強さを示した。「若いオランウータンやチンパンジーの意気消沈の表情は……われわれの子供たちのケースと同様にわかりやすく、同じくらい哀れを感じさせる」[9]とダーウィンは書いている。多くの人の表現も、本能的なものだ。ダーウィンはそれを示すために、悲しみ、驚き、よろこびなどの特徴的な表情を示す人々の、印象的な写真一式を掲載している。

やがてダーウィンの足跡をたどった動物行動の研究者の一派は、感情行動を含むがそれに限定されない、驚くほど数多くの複雑な生得行動を文書化した。動物の行動が遺伝子によってプログラムされているという証拠が次々と見つかったので、動物の行動の大部分は自然選択によって形作られたものだとする考えがパラダイムとなった。

恐れ知らずの動物行動学者らは何世代にもわたり、レオニード・クルシンスキーらの野生における動物を観察するというやり方に倣い、研究をおこなうために森林、草原、河川、山脈に出かけていった。野生の動物と飼育されている動物の両方を創意あふれる新たなテクニックを使って観察する研究者も現れた。とくにコンラート・ローレンツ、カール・フォン・フリッシュ、ニコラース・ティンバーゲンの三人は動物の行動の理解を前進させるのに多大な貢献をおこない、一九七三年にノーベル医学生理学賞を共同受賞した。彼らの研究はおもに一九三〇年代、四〇年代、五〇年代におこなわれており、ベリャーエフとリュドミラは彼らのすばらしい発見に精通していた。

自然選択が動物の行動を形作る原動力であるという主張は強力だった。ローレンツ、フォン・フリッシュ、ティンバーゲンの観察した行動の多くはほとんどの場合、明らかな生存有利性を備えていた。観察された驚くべき複雑な行動のひとつは、フォン・フリッシュによって発見された、ミツバチの行動だった。彼の独創的な実験によって明らかになったのは、ミツバチが採集から巣に戻ると、どこに蜜源・花粉源がある場所についての信号を「尻振り」ダンスによって互いに送り合っているということだ。

ティンバーゲンは、繁殖期のトゲウオの驚くほど複雑で標準化された行動を観察した。雄はかならず砂を掘って小さな巣穴をつくるが、その大きさは正確に幅二インチで深さ二インチであり、穴ができると、周囲の水から取ったものをまとめてつくった粘着質の藻の塊で穴を覆う。それから藻の塊にトンネルをつくるためになかを泳ぐ。そしてもっとも驚くべきことは、雄は通常の青緑色から背は白、下側は鮮やかな赤へと色を変えることだろう。この色がきっかけとなって雌が産卵にやってくる。そして雄は、雌をトンネルへと誘導する。雌はトンネルのなかに産卵して出ていくと、雄もトンネルのなかに入って卵を受精させる。[10]

コンラート・ローレンツは、ハイイロガンが彼を母親と見なし、彼に愛着して、彼がガンたちを庭に出して歩き回るとそのあとをついてくると発表して物議をかもした。ローレンツは、野生ではハイイロガンは母親と強い結びつきを形成し、母親から離れていってほかの成鳥や自分の兄弟たち以外のハイイロガンとつきあうことはけっしてない。ローレンツはこの結びつきのプロセスに関心をいだき、ハイイロガンの新しい卵を二組に分け、一方は母鳥が卵を抱き、孵ったひなの面倒を見る。もう片方の卵は孵卵器に入れられ、ひなが孵ったらローレンツが世話をした。彼が世話をしたひなたちは、野生で母親にするようなやり方で、ローレンツに愛着した。

さらに研究を進め、ローレンツは、この愛着が形成されるのは一定の短い期間に限られることを発見した。その期間内に出会ったものを何でも、たとえそれがゴムまりのような無生物でも、親だと見なす。彼はこの結びつきが本能的に形成されると結論し、そのプロセスを刷り込みと名付けた。動物の発達初期の臨界期には、動物の遺伝的に決定された行動がその触発する条件によって劇的に変化することがある。[11]

この研究と関連して、リュドミラとベリャーエフのキツネの実験結果で興味深いのは、キツネに新たな行動をさせたり、従順なキツネに成熟後もそうした行動を維持させたりする原動力は刷り込みでも自然選択でもないということだ。従順さの人為選択が、その原動力になっている。それがどのように働いているのかは、まだわからない。しかし二人は、ベリャーエフの不安定化選択という仮説が、キツネたちに起きていることの答えをもたらすはずだと確信していた。それを証明するためには、さらに多くの証拠を積み上げなければならない。

キツネたちが彼らを失望させることはないだろう。

4　夢《メチター》

キツネたちが新しい飼育場の広い新居に引っ越しを終え、リュドミラはキツネたちを運動させてやれるようになってよろこんだ。世話係に指示して毎日三十分は小屋の裏にある運動場に出し、走り回らせた。これによってリュドミラは、キツネたちが遊ぶところという、新たな観察カテゴリーを得た。

子ギツネたちがまだ小さく、生後二カ月から四カ月の頃、一度に三、四匹まとめて運動場に出された。騒々しくなりすぎないように、成体のキツネは入れなかった。眠っているときか食べているとき以外はずっとじゃれ合っている野生の子ギツネたちと同様に、飼育場の子ギツネたちも元気に走り回り、互いに追いかけたり飛びかかったりして、相手の尻尾や耳を軽く咬み、転がって取っ組み合う戦いごっこをして遊んだ。動物がするこうした活発な大騒ぎを動物行動学者は社会的遊びと呼んでいる。

多くの動物は無生物の物とも遊び、こちらは対象遊びと呼ばれる。たとえば鳥は小枝やキラキラ光るガラス片で遊んだりするし、セレンゲティ平原のチーターの子供は骨やガラス瓶など何でも叩いたり運んだり咬みついたり蹴ったりする。イルカは自分でつくる空気の輪で遊ぶ。従順な子ギツネたちもそうした遊びに夢中になった。リュドミラが買ったゴムまりは子ギツネたちに大人気で、鼻で押して転がしたり飛びかかったりして遊んだ。もっとも子ギツネたちは、運動場に置かれた石でも小枝でも空き缶でも、何でも楽しそうに遊んだ。少し大きくなってあごが大きく開くようになると、おもちゃをくわえて運動場を駆け回り、兄弟姉妹たちに奪われないようにした。こうしたほかの子ギツネたちとの社会的遊びと対象遊びの融合は、若い動物に共通に見られ、狩りや採集による獲物をグループのほかのメンバーに奪われないようにする技術を身につけるのに役立つと考えられている。

成体のキツネも遊び、それはある程度は予想されていた。野生の母ギツネは子ギツネたちと遊ぶ。運動場に出された母子もそうするのをリュドミラは観察した。しかし彼女は時折成体どうしで遊んでいるところを見た。それは野生ではおこなわれないと考えられてきたことだった。エリートキツネの成体どうしの社会的遊びはめったになかったが、ボールや空き缶を使う対象遊びはよくした。これは大きな驚きだった。野生では、成体のキツネはほぼつねに食べ物を探すことと敵を避けることばかり考えている。野生の成体のキツネが何か見慣れない物に出くわしたら、そのにおいをかぎ、脚先でつついて、それが何か、食べられるものなのかを知ろうとするかもしれない。しかしそうした調査行動は、動物行動学者が対象遊びに分類する行動とは大きく異なる。対象遊びでは、動物がその物が何かがよくわかり、食べ物でないと理解してからも続く。

成体の従順なキツネによる熱心な対象遊びは、彼らが子ギツネのようなふるまいを長く保ち、幼体でも成体でも社会的遊びや対象遊びを楽しむイヌと似たふるまいをしている現れのひとつだ。運動場にいるキツネたちを遠くから見れば、ハスキーの小型の品種だと思われてもおかしくなかった。

リュドミラと、現在彼女のもとで働いている研究所の助手たちは、運動場のなかに入って、子ギツネたちが遊ぶ様子を間近で観察することがよくあったが、彼らは子ギツネと関わりをもたず、子ギツネたちの大騒ぎにけっして介入しないように気をつけた。だが従順なキツネの一部が進んでリュドミラや助手を自分たちの遊びに引き入れ、近くに駆け寄ってきて尾を振ったり、彼らの周りを駆け回ったり、脚の裏に隠れたり靴を軽く咬んでは恥ずかしそうに離れていった。自分たちのなかにやってきた背の高い生き物に対して好奇心をいだき、興奮しているように見えた。

リュドミラは、キツネの遊びを観察することが重要な仕事になると予想した。動物が遊ぶやり方は長年、研究されてきた。鳥類学者は、鳥が木の枝に逆さまにぶらさがり、前後にからだを揺らして楽しそうにするなど、多くの鳥が遊ぶのを観察している。チンパンジーもお互いに追いかけっこをして、その様子は人間の子供たちの鬼ごっこのようだ。一部の昆虫さえ遊んでいるのを観察された。一九二九年、著名なアリの研究者であるオーギュスト・フォーレルは著書『アリの社会生活をヒトと比較する』で、次のように述べた。「天気がよく、飢えその他の不安をかかえていないとき、一部のアリたちは、互いにけがをしないような戦いごっこをして遊ぶが、そうした遊びは、〔もし〕アリがこわいと感じるとすぐに終わる。これは彼らのもっとも愉快な行動のひとつだ」[1] 今日の専門家はこうしたアリたちの戦いごっこは、彼らの人生の重要なできごとである戦いや求愛の争いへの準備だと考えている。

動物の遊びは、場合によっては単なる楽しみだという観察もある。アラスカ、カナダ北部、ロシアのカラスは雪の積もった急勾配の屋根を滑り降りることが知られている。カラスは一番下におりると、歩いたり飛んだりして最上部に戻り、何度も何度もくり返す。メイン州では、カラスが、ときには爪で棒をつかんだまま、雪の小山を転がり落ちるのが観察されている。タンザニアのマハレ山塊に棲むチンパンジーはときどき、驚くほど似たことをおこなうが、こちらもやはり明らかな理由はない。ビデオテープに映っていたのは、彼らが山からおりる途中で立ちどまり、後ろ向きに行進しながら葉をひと握り引き抜くところだった。しばしば立ちどまり、でんぐり返しをする様子は明らかに楽しそうだ。[2] 彼らは単純にこの遊びを楽しんでいるように見える。

しかし遊びは大事なことでもある。多くの動物行動学者が、遊びは社会的、身体的、心理的スキルを伸ばすもので、成体になったら直面する困難に対して子供たちが準備するために不可欠だと論じている。現在では、社会的遊びの大部分は、狩りをする時や捕食者から身を守る時などの動物のグループ内協力を促進し、子供たちに自分は序列のどこにいるのか、戦って勝てるのは誰で、気をつけなければならないのは誰かを教えるものと考えられている。

年長のミーアキャットが若いミーアキャットに狩りの仕方を教えるように、親たちが率先して子供たちと遊ぶこともよくある。[3] ジョウィーと呼ばれる若いカンガルーは、母の腹袋から出るとすぐに戦いごっこを始め、母とスパーリングしていることがよくある。型の決まったボクシングは危険ではない。年長の相手はジョウィーと遊ぶときにはみずからハンディキャップを設けて、その場から動かずパンチを手加減して、お互いにケガをすることなく、若い個体が成長したら必要になるときのためにスパーリングの高度な技術を教えるのだ。

野生の若いカラスは、葉っぱや小枝や瓶のふたや貝殻やガラスのかけらや食べられないベリーなど、目に触れたあらゆる物をつかったり、それで遊んだりする。リュドミラが観察した子ギツネたちと同じだ。バーンド・ハインリッチが野外と大きな鳥小屋のなかの両方にめずらしい物を置いた実験の結果、若いカラスはこうした種類の物で遊ぶことで、成体になってから単独で食べ物を採集するときに、何が食べても安全なのかを知るということがわかった。[4]

ほとんどの動物は、野生のキツネと同様に、成熟するとあまり遊ばなくなる。だからこそ、従順なキツネが成体になっても対象遊びを続けるという発見が重要だった。くんくん鳴くことや、手をなめることや、全体的な落ち着きに加えてまたひとつ、キツネが成体になっても維持される幼体っぽい行動が見つかったということだ。従順な個体を選ぶことで選択圧を劇的に変化させると、すべてが一新され、一連の変化がもたらされるというベリャーエフの不安定化理論の強力な証拠が増えた。

一九六九年に生まれた第十世代の子ギツネたちのあいだでは、二つの顕著な身体的変化が生じた。そのうちのひとつは貴重で従順な雌の子ギツネに現れた。驚くべき耳をもっていたのだ。

野生のキツネ、対照群のキツネ、そしてこれまでの実験用のキツネのいずれでも、子ギツネの耳は生後二週間までは垂れ耳で、それからまっすぐに立っていた。しかしこの子ギツネの耳は、生後二週間たっても立たず、三週間、四週間、五週間、その後もずっと、立つことはなかった。垂れ耳のこの子ギツネは、ほとんど子犬そっくりに見えた。この子ギツネは「夢」という意味の、「メチター」と名付けられた。

リュドミラはベリャーエフがメチターの耳のことをよろこぶとわかっていたので、彼に自分で見つけてもらって驚いてもらいたいと思った。しかしこの年の春、ベリャーエフは多忙で、飼育場を訪れたのはメチターが生まれて三カ月が過ぎた頃のことだった。リュドミラがほっとしたことに、メチターの耳はまだ垂れていた。ベリャーエフはメチターを見つけて叫んだ。「これはすばらしい！」その後、講演に行く先々でメチターの写真を見せ、メチターはソビエト動物学会でちょっとしたスターになった。モスクワで開催されたある会議で、ベリャーエフがメチターのスライドを上映すると、リュドミラの同級生が彼女に近づいてきて、半分本気でこう言った。「あなたの上司は聴衆に子イヌの写真を見せて、キツネだと言っているんだろう[5]！」

第十世代に現れたもうひとつの新たな形質は、ある雄の子ギツネに出現した。この子ギツネは新たなまだら模様の被毛だった。以前の世代でも、従順な子ギツネには白や茶色のぶちが腹や尻尾や足先に現れることがあったが、この子ギツネは、額の真ん中に小さな星型の白斑があった。[6] これは家畜化された動物に共通する特徴のひとつで、とくにイヌ、ウマ、ウシでよく見られる。「わたしたちはよく冗談を言ったものです」リュドミラは懐かしそうに回想する。「星が輝きはじめたから、成功がもたらされるはずだと」

家畜化による行動的・身体的、両方の形質がキツネたちに現れたことで、実験がうまくいっているのは明らかだと思われた。しかしキツネに起きていることについてのベリャーエフの持論を証明するために、彼とリュドミラは遺伝子変化がこのプロセスの原動力だという証拠を見つけなければならなかった。二人はそれを確信していた。多くのケースで、新たな形質は親から子へと受け継がれていた。しかし遺伝科学ではさらに強い証拠が求められる。ベリャーエフとリュドミラにはさらに証拠が必要だった。

形質出現の遺伝的つながりを確立するために当時主流だった方法は、家系分析だった。多世代の親子の形質を比較する。ある種の個体間では、行動や形態の何らかの変異はつねに起きる。まったく同じような見た目や行動のキツネはいない。リュドミラたちが記録した変化が真に遺伝子に関係していると結論づけるためには、家系分析で、形質遺伝に特徴的なパターンが現れる必要があり、そのパターンは長年の研究によって判明している。

このような研究は司祭のグレゴール・メンデルによって創始された。十九世紀半ばにメンデルは何世代にもわたるエンドウマメの色の変化のパターンを追跡した。続く研究者らは家系分析の方法に磨きをかけ、かなり広範な形質の検討を可能にした。リュドミラがすべてのキツネの家系図をつくり、それぞれのキツネの行動的・身体的形質を記録した詳しいノートのおかげで、この分析をおこなうことが可能となった。根気のいる仕事だったが、彼女は熱心に取り組み、結果が明らかになった。従順なキツネに現れた新たな形質における分散の大部分は、背後にある遺伝分散の結果だった。[7]

強力な証拠を手に入れるもうひとつの方法は、別の種でキツネの実験を再現することだった。一九六九年、ベリャーエフはそうした実験を立ち上げることを決めた。そのために、近くのノボシビルスク国立大学で生物学専攻の卒業間近だったパーベル・ボロジンという名前の若い男性を引き入れた。パーベルはベリャーエフの息子ニコライの友人で、ある日同大学を訪問したベリャーエフはパーベルに、卒論には何を研究しているのかと尋ねた。「彼はわたしの答えにあまり熱意を感じなかったようです」パーベルは回想する。「きみを引き抜くつもりはない……決めるのはきみだ。だがいっしょにキツネ飼育場に行って、われわれがやっていることを見てくれないか」パーベルはその誘いに興奮し、飼育場に行ってみるとすっかり夢中になり、キツネたちがいかに家畜化されて――本当に人慣れしている――ことに驚嘆した。

ベリャーエフは、パーベルに、彼らがキツネでおこなっている基本的な手順を、ラットでおこなうように求めた。そして従順で人慣れしたラットだけでなく、人に対して攻撃的なラットも選択・繁殖するようにと指示した。そうすることで、いずれその子孫たちの重要な比較が可能になる。パーベルは細胞学遺伝学研究所内に研究スペースを与えられたが、最初のラットたちは彼が出かけて捕まえなくてはならなかった。「わたしの動物のおもな供給源は、飼育場のブタ小屋でした。そこにはラットがたくさんいました。ラットは賢い動物なので罠にかけるのは大変でしたが、とにかく、捕まえました」数週間、罠を仕掛けつづけて、百匹のラットを研究室に持ち帰った。

パーベルはリュドミラがキツネの実験でつくりあげた技術をわずかに変更して、グローブをはめた手をケージのなかに入れ、ラットが興味をいだいて近づいてくるかどうか、また彼がさわったり抱き上げたりするのを許すかどうかを観察した。一部のラットは抱き上げても平気だった。しかし攻撃するラットもいて、最初はかなり狼狽した。しかしパーベルは粘り強く取り組み、第五世代になると、二つの劇的に異なる系統のラットが生まれた。ひとつはますます従順になり、パーベルが抱き上げて、なでても平気だった。もう一方はとんでもなく攻撃的になった。その後パーベルは別の研究に移ったが、ベリャーエフはラットの実験を続け、それがより多くの補強証拠をもたらすことを期待した。期待は裏切られなかった。[8]

　決定的な遺伝学的結果を生み出すもうひとつの重要なステップは、攻撃的なキツネの系統も育種することだ。ラットの場合と同様に、従順なキツネでおこなった手順を逆にして、人に対する攻撃性を対象としてキツネを選択すれば、ますます攻撃的なキツネが生まれるはずだ。そうすれば、従順なキツネ、対照群のキツネ、攻撃的なキツネの三者間で厳密な比較をおこなうことが可能になる。攻撃的なキツネを育種する実験は一九七〇年に始まった。

　世話係たちにとって、エリートギツネの世話をすることはよろこびだったが、攻撃的なキツネの世話をするのはうれしいことではなかった。もっとも攻撃的なキツネは本当に凶暴で、リュドミラが選択のためのテストをおこなう際、牙をむき出しにして飛びかかってくることもあった。キツネはとても鋭い牙をもち、咬むときは本気で咬む。キツネの実験でリュドミラを手伝っていた科学者や世話係のほとんどは、攻撃的なキツネを恐れていた。そのひとりは、とりわけ恐ろしかったできごとについて次のように回想している。「わたしはある攻撃的なキツネを見ました。するとその雌ギツネはわたしの目をじっと見つめ返してきたけれど、ピクリとも動きませんでした……キツネの目でわたしの動きを逐一追い……わたしはゆっくりとケージの前面に手を近づけました……すると彼女はすぐに反応しました。ケージの前面に飛びつき……前脚をワイヤメッシュにつけて……恐ろしい顔をしていました。口を大きく開け、耳を頭のうしろに寝かせて、飛びだしそうな目のなかに激しい怒りを湛えていました……その目を見つめて、恐怖を覚えました。心臓がドキドキして頭に血がのぼりました……ワイヤメッシュがなかったら、彼女はその牙をわたしの顔か喉に沈めていたと思います」[9]

ありがたいことに、スベトラーナ・ベルカーという小柄な若い女性職員が、その仕事を引き受けてくれた。彼女は「若く、一見かよわそうな女性」だったが、「誰もが攻撃的なキツネの世話をするのをこわがっていて、［けれども］スベトラーナはその勇気でみんなを驚かせた」と、リュドミラは語る。スベトラーナは攻撃的なキツネにはっきり言うことにした。どうなるのか、言葉で説明するのだ。「彼女は攻撃的なキツネを取り扱わなければならないとき、スベトラーナはキツネに『あなたはわたしをこわがっているし、わたしもあなたをこわいと思っている。でもなぜ人間であるわたしがキツネであるあなたを、あなたがわたしをこわがるよりも、こわがらなければならないの？』そして彼女は仕事に取りかかった。「ベリャーエフは彼女の勇気にいつも感心していました」リュドミラは語る。「攻撃的なキツネの世話のような仕事をする彼女の給料を上げるべきだと、言っていました」

スベトラーナの後に続いた世話係も、攻撃的なキツネを扱う上で独自のやり方を工夫した。現在も攻撃的なキツネの世話係を続けているナターシャは、スベトラーナのきわめて厳格なアプローチではなく、キツネたちは自分が悪いわけではないのにこのようになっているのだと考えた。従順なキツネと同じくらい愛情をかけられてしかるべきだ。ナターシャはそれを現在に至るまで続けている。「何よりもわたしは攻撃的なキツネが好きです」ナターシャは言う。「彼らはわたしの子供たちです。家畜化されたキツネも好きですが、攻撃的なキツネも愛しています」[10]ナターシャがこの愛を表明するたびに、リュドミラは笑って、「それは本当に珍しいことです」とだけ言った。実験が進んで攻撃的なキツネが従順なキツネとの重要な比較がおこなわれるようになり、助手たちのこうした勇気の価値があらためて証明された。

その間、リュドミラとベリャーエフは対照群のキツネのグループと従順なキツネのグループの重要な比較に着手した。ベリャーエフは、生殖周期や気性や身体的形質の制御に影響するホルモン生成の遺伝的な変化が、家畜化にともなう多くの形質の出現を引き起こしていると理論化した。彼の理論のこの部分を証明するためには、従順なキツネと対照群のキツネのホルモンレベルを測定する必要があった。研究所にある先進的な機器を用いて、リュドミラはこの分析に取り組んだ。

彼女は子ギツネたちのストレス・ホルモンのレベルを測ることから始めた。従順なキツネは、通常のキツネが臆病でこわがりになる時期である生後二から四カ月を過ぎても、ホルモンレベルが低いのかどうか調べる。すべての子ギツネから血液サンプルを採取するという、神経を使う手順が必要で、それは長くとも五分以内にできるだけ手早くおこなわなくてはならない。そうしないと、採血に対するストレスによって、ストレス・ホルモンのレベルが上昇し、結果を歪めることになるからだ。

ホルモンのレベルの測定は、リュドミラには経験のない技術的な仕事であったので、彼女は研究所の同僚であり、この仕事の専門家であるイリーナ・オスキナの力を借りることにした。しかし問題は、イリーナは一度もキツネを扱ったことがないということだった。そこでリュドミラは、子ギツネたちが慣れている世話係の人たちに手伝いを頼んだ。子ギツネの成長の複数の段階でサンプルを採取する必要があった。最初は生後二カ月未満で、母ギツネとともに囲いのなかで暮らしているときから、成体になるまでだ。世話係たちはすばらしい助っ人だった。彼らは母ギツネを驚かせないように、ゆっくりと手を伸ばして子ギツネを確保した。それでも母ギツネが激しい反応をしなかったのは、成体のキツネがそこまで従順になったことの真の証明だった。対照群のキツネでも、世話係はうまくこなした。対照群の母ギツネは、子ギツネが危険だと思えばひじょうに凶暴になることがある。世話係らはリュドミラが取り寄せた厚さ五センチの保護グローブをつけ、練習したうえでとても効率よく仕事をこなした。

リュドミラはイリーナからサンプルを分析した最初の結果を受け取り、ストレス・ホルモンのレベルの明らかな差異に愕然とした。予想どおり、すべてのキツネで、成長とともにホルモンのレベルは上昇したが、エリートギツネでは、急上昇は対照群のキツネよりかなり遅く、またその山もそれほど高くならず、成体では対照群のキツネの五〇パーセントのレベルで安定した。これはベリャーエフのホルモン生成に関する不安定化選択理論の強力な裏付けとなる。

ベリャーエフがこうした新たな結果について講演しはじめると、世界の科学コミュニティにおけるキツネへの関心がますます高まっていった。ベリャーエフはふたたびソビエト当局の許可を得て、一九六八年に東京で開催された国際遺伝学会に出席した。ところが、この時点で、彼の研究に対する科学的関心はほぼ遺伝学コミュニティに限られており、動物行動学の研究者らはあまり注目していなかった。しかし一九七一年九月にスコットランドのエディンバラで開かれた国際動物行動学会にベリャーエフが招待されたことで、流れが変わった。同学会は招待制で、世界のトップ研究者らが集う催しだった。ベリャーエフはロシア人科学者としてはじめて招待を受けた。招待状は、イギリスのトップレベルの動物行動学者であり、会議の主催者でもあったオーブリー・マニングから直接送られてきた。マニングは、その年の会議に国際的な色を加えようとしていた。ヨーロッパやアメリカ合衆国からの常連ばかりではなく、より広く声をかけ、会議に彼の言うところの「国連のような雰囲気」[11]を出したいと考えていたのだ。
マニングはキツネの実験について耳にしたことがあり、とても興味深い研究だと思っていた。彼自身、大学院ではティンバーゲンの指導下で研究をおこない、遺伝子と行動の関連を専門に研究していた。彼とその妻で遺伝学者のマーガレット・バストックは一九五〇年代、遺伝子と動物の行動を具体的に結びつけた先駆的研究のひとつとなった、キイロショウジョウバエを使った画期的な共同研究をおこなった。一九七一年以前にベリャーエフに講演を依頼する手紙を書いたとき、じつはマニングはあまり期待していなかった。「当時はもちろん冷戦は絶対的な影響を及ぼし、控えめに言ってもその影響はかなり色濃かった」オーブリーは回想する。「そしてソビエト連邦とのパイプは細かった」[12] ベリャーエフから熱い「イエス」の返事が届き、マニングは「はじめてソビエト連邦から動物行動学者を引っぱり出すことができた」とうれしかった。

ベリャーエフとリュドミラにとってこれは大きな一歩であり、リュドミラはそんな一流の研究者の集まりで自分たちの研究を発表できる機会に心を躍らせていた。マニングはベリャーエフに同僚を何人か同伴するように求め、研究所からリュドミラとほか数名の研究者が出席を予定した。しかし出発直前になって、政府は、ベリャーエフだけに渡航を許可すると決めた。リュドミラには、彼がすばらしい講演をおこない、二人の研究はより広範な動物行動学の議論に発展するだろうということがわかっていたので、それがせめてもの慰めだった。

会議の会場はエディンバラ大学のデーヴィッド・ヒューム・タワーだった。連日、ベリャーエフやマニング、その他の出席者は、この二年後に動物行動学《エソロジー》の開拓者のひとりとしてノーベル賞を受賞するティンバーゲンをはじめ、当時もっとも尊敬されていた動物行動学者たちによる三十分の講演に耳を傾けた。[13] 議論が論争になることもあった。と言うのも、当時は、生物学者として訓練を受け、遺伝学に焦点をあて、動物を野生で研究することが多いヨーロッパ勢と、心理学者として訓練を受け、動物の学習に焦点をあて、実験室での動物を研究することが多いアメリカ勢のあいだで小規模な論争がくりひろげられていたからだ。[14] アメリカ勢の研究者のなかには、条件付けに関する議論を極限まで押し進め、動物の行動が遺伝子に「プログラミング」されている可能性を一切否定し、すべて条件付けもしくは学習の結果だと主張するものもいた。しかし現地で研究をおこなっている動物行動学者の研究の多くがその逆を示していた。

もっとも重要な研究の一部は、生物学者のE・O・ウィルソンによってなされた。彼は世界中を旅してさまざまな種類の昆虫のコロニーを観察した。会議のおこなわれた年の一月、ウィルソンの主著である『昆虫社会』が出版された。この本では昆虫のコロニーにおける儀式が生き生きと描写され、ハキリアリの驚くべき写真とイラストも掲載されている。アリたちは菌を栽培する菌室の世話をし、食料源である菌を育てるために集めてきた肥しをやり、自分のからだの何倍も大きな葉を頭の上に乗せて、一列になって運ぶ。また、兵隊アリは獲物のサソリの死骸をもって帰巣し、働きアリはアリ除けの調合物を巣に塗る。ある種のアリのコロニーでは、食料不足のときに共同体に食料を供給するため、働きアリが生きた蜂蜜ポットとなる様子も書かれている。このアリたちは腹に花蜜や蜂蜜を貯めこみ、巣のなかの岩にぶら下がっている。干ばつになるとアリたちはこの生きた蛇口から栄養を摂る。またウィルソンは、恐ろしく正反対なアリの行動である、戦争での残酷なやり方も生き生きと描写している。三匹のアリが一匹のアリを押さえつけ、攻撃するアリがそのからだを真っ二つに割るのだ。

アリのような生物がどうやって、これほど幅広い目的をもち、これほど意図的な行動をできるのだろうか？　その大部分は本能によるものに違いない。

しかし行動主義者は、動物の学習の強力な証拠を提示した。アメリカ人心理学者のエドワード・ソーンダイクは、ネコとイヌが、どれくらい早く彼の作った「迷路の箱」から抜け出せるかをテストした。ネコとイヌは当初、脱出するためにあらゆる道を試してみて、偶然、出口につながる道を見つけると、すぐにそのプロセスをくり返すことを学び、脱出までにかかる時間はどんどん短くなる。これは、動物たちが報酬を与えられることによって行動を学んでいることと示している、とソーンダイクは主張した。それが、飛びかかろうとしている鳥への近づき方であっても、手をなめた後でその手から報酬をもらうことでも、それが当てはまると言うのだ。

多くの動物行動学者は、動物の複雑な社会的行動には、遺伝子と学習の両方が関わっている可能性が高いと考えはじめていた。どちらか一方だけということではなく、学習が遺伝的な素因の上に重ねられるのかもしれない。さらには、学習する能力そのものの基礎に遺伝的要因があるのかもしれない。ベリャーエフは、おそらくそうなのだろうと考えた。

ベリャーエフはエディンバラの会議でこうしたテーマの議論のすべてを吸収し、英語が母語でない聞き手には早口すぎる講演者もいたが、講演を大いに堪能した。「家畜化のプロセスにおける行動の遺伝的再編成の役割」と題した彼の講演には、多数の聴衆が集まった。タイトルがまず興味を引く――行動の遺伝的再編成とは？　何の話だろう？　そして何の家畜化だ？　ルイセンコが失脚した今、ロシア人科学者たちは注目に値する研究をおこなっているのか？　このロシア人はどんな人物だろう？

ベリャーエフは英語で講演を用意していた。マニングは彼が聴衆に強い印象を与えたことを憶えている。彼らはベリャーエフがどんな人間が知らなかったが、これほど威厳と自信を感じさせる人物だとは予想していなかった。メチターや彼女の垂れ耳のようなものも、予想外だった。十年を超えたばかりの実験の結果は驚くべきものだった。

マニングはベリャーエフにいたく感心し、その晩彼の宿である十六世紀に建造されたエディンバラ大の美しい学生寮から、彼を自宅での夕食に招待した。ベリャーエフの英語は講演をおこなうには充分だったが、夕食でのテンポの速い会話はまた別の話だった。そこで通訳もディナーパーティーに参加した。ベリャーエフはこうした社交のチャンスがあることを予期して、伝統的なロシア産の贈り物を持参していた。彼は夫妻に美しい漆塗りのボウルを贈り、マニングは心を打たれた。冷戦によってロシアの科学者たちは世界中の仲間とこのような自由で心安い交流をおこなう機会を閉ざされ、そうした場での創造的な意見交換から新たな研究方法を見つけるといったこともなくなっていた。温かく知的でひじょうに興味深い人物であるベリャーエフと同席しながら、それは残念なことだとマニングは思った。二人は友人になり、ハーグでおこなわれた国際遺伝学会で出会ったマイケル・ラーナーともそうであったように、ベリャーエフはその後何年間もマニングと文通を続けた。マニングは、近いうちにノボシビルスクを訪れ、自分の目でその驚くべきイヌのようなキツネを見たいものだと思っていた。

キツネの実験の結果が西側の科学コミュニティで認識されたしるしに、エディンバラでの学会後まもなく、『ブリタニカ百科事典』のディレクターが書簡で、来る第十五版の家畜化についての小論の執筆をベリャーエフに依頼してきた。第十五版は大幅な見直しがおこなわれて別名『ブリタニカ3』とも呼ばれ、一九七四年に出版予定だった。ベリャーエフはおおよろこびで、すぐに小論の執筆を始めた。その小論「家畜化 Domestication」は偶然にも、「イヌ Dog」[15]の頃目の直後に掲載された。

遺伝子と動物の行動とのつながりの研究は一九七〇年代にスピードを増し、キツネの実験はこの新たな研究の波の先端にいた。この主題領域の最初の学術誌である『行動遺伝学』は、行動遺伝学会の設立とともに一九七〇年に創刊された。一九七二年には、ベリャーエフがその研究を尊敬する、ロシア生まれのアメリカ人遺伝学者テオドシウス・ドブジャンスキーが初代会長に選ばれた。ロシアの遺伝学者らは確実に復帰し、ベリャーエフは主導的な大使のひとりとして働いた。一九七三年、彼はふたたび国際遺伝学会への参加を認められた。会場はカリフォルニア州立大学バークレー校だった。

バークレーでの会議は、ベリャーエフがこれまで経験したことがないような、科学と文化のごた混ぜだった。科学については、会合はシンポジウム形式で、世界第一線の権威が出席して「遺伝学と飢餓」から「科学と道徳のジレンマ」まで、そしてベリャーエフ自身の研究にも関連する「発達遺伝学」や「行動遺伝学」も、ありとあらゆるテーマで開催された。[16] 遺伝子研究で一応の水準に達している研究者は全員参加しており、ベリャーエフはそこで当時もっとも著名な遺伝学者らと会う機会があり、自分の考えを話し合うことができた。講演の合間や夜には、参加者らはヒッピー・サイケデリックな街の雰囲気を楽しんだ。バークリーは、アメリカを揺るがせていた学生運動の一大拠点であり、フリースピーチ運動の発祥地であり、表現の自由が至るところで誇示されていた。露店商人、ミュージシャン、ジャグラーがヒッピーとともに人々の関心を競い合い、ヴェトナム戦争から核軍備競争まであらゆることに対する抗議パンフレットを配っていた。ベリャーエフは大いに魅了されてすべてを吸収し、帰郷後友人たちに楽しそうにバークリーの土産話をした。会議のほかの出席者たちに言わせれば、バークリーには「サフラン色の服を着て、ハレクリシュナの祭りの反復するビートに合わせて踊るアメリカ中流階級の若者たちが」いた。[17]

会議の期間中に、ベリャーエフとその他の出席を許されたソビエトの科学者たちは、ある考えをもって国際遺伝学会の組織委員会に接近した。研究所管理職としての経験によって、ベリャーエフはこうしたことに対しての指導者にふさわしかった。彼らは、一九七八年に開催予定の次回の国際遺伝学会をモスクワで開催してはどうかと提案したのだ。組織委員会は興味を引かれた。彼らはつねに国際遺伝学会をさらに国際化する方法を模索しており、モスクワでの開催はその目的にぴったりだった。一九七〇年代はじめにリチャード・ニクソン大統領が策定したアメリカおよびその同盟国とソビエト連邦間のデタント政策は、鉄のカーテンのこちら側でそうした会議を開くことを可能にした。モスクワで会議を開催することは多くの遺伝学者に、ほとんど知らない科学者グループや科学文献に触れる機会をもたらすだろう。組織委員会内の理想家たちは、そのような会議が科学を超えた影響をもつことを期待した。そのように手を差し伸べることで、ささやかながらも、冷戦を落ち着かせることができるかもしれない。委員会はまた、モスクワで会議を開くことで、ルイセンコの悪事は過去のものだと世界に示すという考えにも賛同だった。[18]

それは野心的な試みだったが、組織委員会はベリャーエフと代表団に次のように答えた。一九七八年の学会のモスクワでの主催を希望するのなら、委員会は承認する。ベリャーエフはまた、新しい肩書を得た。第十四回世界遺伝学会のモスクワ開催を目指す事務局長だ。

新設された実験用のキツネ飼育場のおかげでベリャーエフとリュドミラはほんの二、三年で大きな成果をあげた。リュドミラは一年を通じてキツネの様子を詳細に観察し、彼女とキツネとの強い絆はますます強固なものになっていた。心の奥底で、彼女は何かが変わったと感じていた。感情の変化、キツネたちが表しはじめた気持ちの深さ、キツネが彼女や世話係や飼育場の訪問者全員に呼び覚ます気持ちを無視することはできなかった。

　ますますかわいらしくなる哺乳類に驚いているのは科学者としての彼女だけでなく、人間としての自分もそうだった。そのことはそれ自体で重要な発見であり、いかにしてイヌがこれほど強く家畜化され、人間と強い絆を結び、「飼い主」に対して熱烈に忠実なのかという物語の一部でもあると気がついた。リュドミラは考えた――頭を切り替えて、いや増すキツネの魅力に抗うのではなく、思い切って親しくなり、キツネたちにどこまで感情的な表現をさせることができるのかを調べたらどうだろうか、と。

　かなり前からリュドミラは、自分とチームが集める科学的データの限界について考えていた。それによってわかることには限りがある。従順なキツネたちにどこまで社会的・感情的な深みが可能なのかを本当に知りたいと思ったら、そのうちの一匹に、家という社会性豊かな環境で、人間をもっとも近い同居人として暮らす機会を与える必要があるだろう。イヌの暮らしのように。キツネが本当にイヌのようになるには、イヌが飼い主に示す特徴的な忠誠心をもたなければだめだ。エリートギツネたちは人の関心を引くことに夢中だが、まだ人を区別していない。人間なら誰でも等しくよろこぶ。キツネが彼女と同居したら、それが変わるかもしれない。

　リュドミラはベリャーエフに大胆な提案をした。キツネ飼育場の一角に小さな家があった。そこに彼女がエリートギツネの一匹を連れて引っ越し、どんな絆ができるか調べるという案だ。ベリャーエフはその考えに大賛成で、その場でリュドミラに家を使う権限を与えた。

　リュドミラは、連れていくキツネを細心の注意を払って選びたいと思った。とりわけ人間が好きな雌のエリートギツネを選んで「イヴ」として、彼女が産んだ子供たちのなかから一匹を選んで家に連れていくと決めた。この時点では、多くの雌のエリートギツネがイヴの候補にふさわしかったが、これは類まれな実験であり、彼女は選択を焦る気はなかった。リュドミラはこれまでのメモやデータ表を熟読し、雌のエリートギツネのストレス・ホルモンのレベルと行動の複合データを評価して、トップの候補グループをつくった。それからそれぞれの小屋に足を運び、新たな目でキツネたちをじっくり観察した。何日間もかけて評価をおこない、自分のキツネを決めた。

そのキツネはククラという名前だった。ロシア語で「小さな人形」を意味する。ククラは年に二回発情期（しかし妊娠はしない）を迎えるようになったひと握りの雌ギツネのなかの一匹だった。彼女には人を引きつける特別な何かがあった。リュドミラがククラのケージに近づいていくと、ククラはすぐに活気づいて、尻尾を激しく振り、純粋なよろこびとしか表現できない鳴き声をあげる。「わたしを選んでと言っている」リュドミラは思った。唯一の問題は、ククラが成体の雌にしては小柄だということだった。きょうだいのなかでも一番小さく、もっと丈夫なキツネを選んだほうがいいのだろうかとリュドミラは迷った。結局、リュドミラは自分の勘を信じることにした。ククラで決まりだ。

父親はトビクという名前で、ククラと同じ世代の雄ギツネだった。二匹の交尾は成功し、七週間後の一九七三年三月十九日、小さなククラは四匹の健康な子供を産んだ。雌が二匹と雄が二匹だ。リュドミラは子ギツネの目が開いたという知らせを受けてすぐに会いにいった。世話係が数人、子ギツネたちの周りに集まり、まるで自分の子供か孫のようにかわいがっていた。

リュドミラはすぐに一匹の子ギツネに引きつけられた。その子ギツネは小さなふわふわの毛玉のようだったので、世話係がプシンカという名前をつけていた。「小さな毛玉」という意味だ。リュドミラは数日間かけてプシンカを観察し、彼女が人の関心を強烈に望んでいるのに気づいた。プシンカはすでに人との強い絆を生み出していたので、リュドミラの同居人にぴったりだと思われた。そして今回は、プシンカは特別実験用の家でリュドミラといっしょに暮らすとわかっていたので、世話係たちは心ゆくまで彼女と遊んでやることができた。

それから数週間、プシンカはどんどん強くどんどんやんちゃになった。世話係のひとりであるウリ・キセリョフは、このかわいらしい子ギツネをとくに好きになって、意外なリクエストをした。彼はリュドミラに、彼女がプシンカと長期間の住み込み実験を始める前に、しばらくプシンカを自分の家に連れていって同居してもいいかと尋ねた。リュドミラはこの申し出を考えて、自分の計画に差し支えはないと判断した。実際、ウリのリクエストどおりにすれば、プシンカがいっしょに暮らす人なら誰とでも絆を築くのかどうかを見極めることができる。ウリは自宅でプシンカとひとりと一匹で、一九七三年の四月二十一日から六月十五日まで暮らした。プシンカは見事に適応し、ウリを困らせることはなかった。彼はプシンカをリーシュにつないで散歩に連れ出した。また裏庭ではリーシュをつけずにプシンカを出すことができた。プシンカは彼が口笛を吹くとすぐに室内に入ってきた。このような呼びつけへの反応性は、これまでのキツネには見られなかった。今までは、まるで逆だった。ときどき従順なキツネが運動場に出されるときや検査されているときに世話係から逃げ出したが、世話係が名前を呼んでも、プシンカのように反応したキツネは一匹もいなかった。逃げたキツネを捕まえるためには、飼育場のなかを追いかけ回す必要があった。そして二匹ほどは飼育場の外に逃げて見つからなかった。この面でのプシンカの行動は、リュドミラの選択は間違っていなかったこと、そして彼女の住み込み実験ではさらなる驚きが待っていることを示唆していた。

プシンカについてすでに多くの発見があったので、リュドミラはプシンカを実験用の家に連れていくのをもう少し先延ばしして、ウリと暮らした後でプシンカが飼育場のキツネの社会にふたたび復帰するかどうかを観察することにした。プシンカはふたたびキツネたちとの共同生活に適応するだろうか？それとも人間と一対一で同居したことで、キツネに対する彼女の態度は変わってしまっただろうか？人間の社会に連れてこられた野生動物はしばしば、自分と同じ種との暮らしに復帰するのに苦労する。プシンカがその変化をどうこなすのか、またほかのキツネたちはどのようにプシンカに反応するのかを観察するいい機会だと、リュドミラは考えた。プシンカは飼育場に戻ると、何の問題もなくほかのキツネたちと普通に交流したが、彼らとの関係においてひとつ顕著な変化があった。運動場での遊び時間に、子ギツネたちが成長するにしたがって互いにするように、ほかのキツネの誰かがプシンカに対して攻撃的になると、彼女は世話係の保護を求め、その脚の周りから離れなかったり、世話係が自分と相手のあいだに来るようにしたりしたのだ。これも、はじめてのことだった。それまで、キツネたちは互いの交流を完全に自分たちのなかで完結させていた。

リュドミラの住み込み実験計画のおもな目的は、プシンカが人間といっしょに過ごすことによってどれほどイヌに似てくるかを観察することだったので、ウリがしていたように、世話係がプシンカにリーシュをつけて散歩に連れていくことには何の問題もないと彼女は判断した。プシンカもその散歩が大好きだった。ウリが口笛で呼ぶと素直に戻ってきたとわかっていたので、リュドミラは世話係がリーシュなしでプシンカを外に出すことを許可した。するとプシンカは、給餌したり掃除したりする世話係の後を追って歩いた。

リュドミラはプシンカを対象とした実験の開始をふたたび延期することにした。もうすぐプシンカは一歳になり、発情期を迎える。プシンカが妊娠してから、実験用の家に連れていくことにしたのだ。そうすれば、プシンカがどのように適応するかだけでなく、彼女の子供たちが異なる社会化をたどるかどうかも観察できるからだ。

一九七四年二月十四日、プシンカはユルスバーという名前の従順な雄ギツネと交尾し、ようやく同年三月二十八日に、彼女とリュドミラは小さな家に引っ越した。動物行動学史上前例のない研究が始まろうとしていた。

5　幸せな家族

プシンカといっしょに暮らすというリュドミラの計画は、小さな家で昼も夜も彼女とともにいるということだったが、自分の家族との時間も確保するために、長年の助手で友人のタマラと大学院生ひとりに何日か手伝ってもらうことにした。ティーンエージャーになったリュドミラの娘マリナと、研究所の研究助手ひとりも、タマラかリュドミラのどちらも家にいられないときには、シフトに入ってくれることになった。シフトに入った人は、昼から夕方までをとおしてプシンカの行動のあらゆることを日誌に詳しく記入する。

緊張の引っ越し初日、プシンカは落ち着かない様子で行ったり来たりと歩き回り、餌を拒否して、リュドミラも不安になった。プシンカがウリと同居したときにはすぐに慣れたことから、今回も難なく適応するだろうと思っていた。緊張しているのは妊娠のせいだろうか？　プシンカは、引っ越しの手伝いで来ていたマリナとその友人の隣でしばらく横になった。翌日になると、プシンカは少し落ち着いたようだった。リュドミラが家の外に出て、戻ってくると、プシンカは「イヌのように」、「玄関でわたしたちを出迎えた」と、彼女はメモをとった。しかしプシンカは楽しそうに遊んでいたと思うと、次の瞬間には無気力になり、依然として餌を拒否していた。その日に食べたのは、生卵を少しだけだった。リュドミラが、プシンカの好物である鶏のモモをやると、それを部屋の隅に隠した。これもイヌのよくする行動だ。自分のねぐらには寄りつかず、ほとんど眠らなかった。

三日目、プシンカはまだ普通に食べたり眠ったりせず、リュドミラはかなり心配になってきた。プシンカは落ち着かない様子で家のなかを歩き回り、やはり自分のねぐらには入らなかった。リュドミラがいると安心するらしく、ますます彼女の関心を引くことが増えた。リュドミラが自分の部屋で仕事のために席につくと、プシンカはベッドの横に置いたソファーで横になり、やっと少し休息した。

さらに一日、食べない、眠らないまま過ごしたあと、四日目の夜、プシンカはリュドミラが眠っているベッドに飛び乗り、彼女の隣で丸くなった。リュドミラが目を覚ますと、プシンカは彼女の頭のほうにずりあがってきて、リュドミラの顔に顔を寄せた。リュドミラがプシンカの頭の下に腕を差し入れると、プシンカは両前脚の先を載せて、まるで子供が母にするようにくっついてきた。プシンカはようやく落ち着いたようだった。

しかし次の日、プシンカはふたたび神経を高ぶらせた。リュドミラは日誌に、「神経衰弱の瀬戸際にいる」と記録した。引っ越しから五日がたつのに、プシンカはほとんど何も食べていなかった。リュドミラは心配して、飼育場の獣医に連絡し、プシンカにブドウ糖とビタミン注射をしてもらった。つがいの雄ギツネといっしょなら落ち着くかもしれないと考え、リュドミラはユルスバーも家に連れてきた。ユルスバーはプシンカに会えてうれしそうだったが、プシンカは違った。プシンカはユルスバーに向かって叫び、家中追いかけ回して何度か咬みついた。リュドミラはすぐにユルスバーを引き離した。

ベリャーエフはプシンカの様子を聞いて心配し、家にやってきた。彼の存在の何かがプシンカを落ち着けたのか、その日、通常キツネが休んでいる昼間に、プシンカは机で仕事をしているリュドミラの足元に横になり、満足しているように見えた。その夜、プシンカはようやく普通に餌を食べはじめた。適応は予想よりも大変だったが、その日以降、プシンカは家のなかでとても楽しそうにして、普通に食事や睡眠を摂り、リュドミラとの絆はますます強くなっていった。

プシンカは、リュドミラが机で仕事をするときにはその足元に横になった。また、リュドミラに遊んでもらったり飼育場内を散歩に連れていってもらったりするのが大好きだった。お気に入りのゲームは、リュドミラがポケットにおやつを入れて、プシンカがそれを奪うというものだ。子イヌがよくするように、プシンカはリュドミラの手を甘噛みした。けっしてけがをするほど強くは咬まなかった。またあおむけに寝て手足を上にあげ、リュドミラに腹をなでるように要求した。普段は自分のねぐらで寝たが、ときどきこっそりリュドミラのベッドにやってきていっしょに寝ることもあった。

午後は休み、夜になるとプシンカは激しく騒ぎだし、遊んでくれとリュドミラにつきまとい、床にボールを転がしたり、あおむけになって腹を見せたり、骨をくわえて駆け寄っていったりした。家の裏庭で、プシンカはボールを口にくわえて小高くなっている場所まで行き、ボールを放して、坂をころがり落ちるボールを追いかけた。何度も、何度も。リュドミラがプシンカを裏庭に出し、彼女が呼ぶとプシンカはかならず戻ってきて家のなかに入った。まるでイヌのように。

四月六日、プシンカは出産した。その日はタマラがリュドミラの代わりにシフトに入っていた。破水する直前、プシンカはタマラのそばに来て、タマラになでられながら、最初の子を出産した。子をなめてきれいにしてからねぐらに運び、そこであと五匹の子を出産した。タマラから連絡を受けたリュドミラは家に駆けつけた。彼女が到着すると、驚いたことに、プシンカは赤ん坊を一匹くわえて彼女のところにやってきて、リュドミラの足元にそっとおろした。通常、母ギツネは自分の子供たちを必死に守り、エリートの雌ギツネでさえ出産直後に世話係が近づこうとすると、攻撃的になる。リュドミラ自身の母性本能が覚醒し、彼女はプシンカを叱った。「だめじゃないの！　赤ちゃんが風邪をひくでしょう！」

プシンカは赤ん坊をくわえてねぐらに運んだ。それを見てリュドミラは、プシンカが新生児にしたことがいかに類まれなことかを考えて、思わずほほえんだ。

子ギツネたちは全員、母親の名前にちなんで、Pではじまる名前をもらった。プレレスト（すてき）、ピースニャ（歌）、プラクサ（泣き虫）、パルマ（ヤシの木）、ペンカ（肌）、プショク（母親にそっくりだったので、「ふわふわ」または「小さな毛玉」の男性型）。子ギツネたちが目を開けたとき、彼らは目に見えて人間の関心を引きたがっていた。ペンカはとくに愛情深く、「人と会うのをよろこび」、リュドミラの声を聞くと「興奮して尾を振った」と、リュドミラは日誌に書いている。さらに二週間たつと、子ギツネ全員が全員、彼女の声に同じくらい反応し、彼女が部屋に入るとねぐらから駆け出してきた。

リュドミラは時間をかけて子ギツネたちを観察し、この子ギツネたちそれぞれの行動に気づいた。プレレストは、遊んでいるときにより積極的で、きょうだいたちを支配する傾向が強い。ペンサはとても冷静で、まるで独り言を言っているかのような、口ごもってうなるような変わった鳴き声を出した。パルマはテーブルに飛び乗るのが好きで、ペンカはとくにボール遊びが好きで、リュドミラの日誌には「ねぼすけ」と書かれていた。プショクはほかの誰よりもリュドミラの関心を引きたがっていた。

リュドミラはとくに、きょうだいのなかで一番小柄でよくいじめられる、尻尾を振るねぼすけのペンカに引かれていた。きょうだいと離れて一匹でいることが多く、ほかの子ギツネとは異なり、人の周りで不安そうに見えた。リュドミラさえも最初は、ペンカは「わたしを完全に信用していいのか」どうか、考えているように見えたと日誌に書いた。ところがまもなくペンカは信用してもだいじょうぶだと判断し、その態度は完全に変わった。リュドミラがペンカを抱き上げてゆっくりと揺らしてやらないと、ペンカが寝ないということもあった。

リュドミラが庭でボールを投げると、プシンカと子ギツネたちはそれに飛びつき、転がして遊んだ。リュドミラが駆け回って、キツネに追いかけさせる遊びもした。ペンカはこの追いかけっこに本気で取り組み、リュドミラが立ちどまるとその背中に飛び乗り、キツネのハグの一種のようにしがみついた。リュドミラがソファーに座ると、ペンカは隣に飛び乗ってきて彼女の髪や耳のにおいをかぎ、鼻、ほお、唇、耳をごく軽く甘噛みをした。これはほかの子ギツネがしないことだった。ペンカはまた、ほかの子ギツネたちとは異なる発声で、それは明らかに彼女と意思疎通を図ろうとしているようにリュドミラには聞こえた。リュドミラに何かを伝えようとしていることもよくあった。「ペンカはわたしの後を追い、ずっと話している」リュドミラは日誌に書いた。

ペンカはリュドミラがほかの子ギツネに関心を向けると焼きもちをやくようで、自分がリュドミラといっしょにいるときにほかの子ギツネが近づいてくると、攻撃することもあった。小柄なペンカは、それ以外のときにはめったにそんなことはしなかった。またリュドミラに、ほかの子ギツネたちからの保護を求めた。ある日床に落ちているクラッカーを見つけたペンカがそれをくわえて走り回り、きょうだいたちに追いかけられたとき、ソファーに座っていたリュドミラの隣に跳び乗り、クラッカーをリュドミラの背後に隠した。それからきょうだいに対してその場所を守ろうとした。

子供の頃、イヌを飼っていたリュドミラはこうした行動を何度も見たことがあった。動物の行動を学んだものとして彼女は、キツネに感情や気持ちを読み取るのは慎重にならなければいけないと強く感じていた。ペンカが人間の嫉妬のようなものを感じているのか否かを断言することは不可能だ。イヌの専門家らは、動物の行動を解釈することの困難をよくわかっている。パトリシア・マコネルは著書の『犬への愛』のなかで、彼女のイヌの話を紹介している。チューリップという名前のそのイヌは、ずっといっしょに遊んでいたヒツジが死んだと知り、「［チューリップは］ハリエットの身体のにおいをかぎ、一周し、においをかいで、鼻先で彼女を押した。数分後、チューリップは死体のそばに伏せをした。大きな白い鼻づらを前脚にのせて、一度ため息をつき——われわれ人間が言う諦めでゆっくりと息を吐き——動くことを拒否した……チューリップがどれくらい長時間ハリエットの横に伏せていたのかは憶えていないが、自発的に離れることはなかった……チューリップはどう見ても、ハリエットが死んだことをわかっているようだった……だがこれには裏がある。チューリップは自分が殺した鳩に対しても同じようなふるまいをする。そして先週は、噛むためにわたしが与えた一本のトウモロコシにも同じことをした……イヌの行動に感情を読みとるのは危険だ。それはしばしば間違っているのだから。イヌが感情をもたないという意味ではない。人間は彼らの表現を上手に読む必要がある」[1]

同様に、アレクサンドラ・ホロウィッツは、現行犯でいたずらがばれたイヌがよくする「うしろめたい表情」を研究するために、独創的な実験を考案した。その表情をダーウィンは目を「そらす」と表現し、ほかの研究者らは「必死に前脚を差しだすことで赦しを請う」、「服従するようにあとずさる」、「太極拳のようにそーっと逃げる」、「脚のあいだに尻尾を巻いて」と描写される。[2]

ホロウィッツの実験はこうだ。部屋のなかにおいしいおやつを置いて、イヌの飼い主はイヌに、食べてもいい、または食べたらだめだと言う。そして飼い主は部屋を出て、イヌはおやつと取り残される。実験のポイントは、飼い主が戻ってきておやつがなくなっているとき、イヌが食べた場合もあるが、ホロウィッツが飼い主に知らせずにおやつを取り除いた場合もあるということだ。飼い主が、おやつのないことでイヌを責めるとき、イヌはイヌが本当におやつを食べたか否かにかかわらず、「うしろめたい表情」をした。規則を破ったことに対する「うしろめたさ」ではなく、イヌは単に叱られるのが好きではないということだ。[3]

つまりペンカがリュドミラの関心に対して焼きもちをやいているかどうか、断定はできない。しかしこの小柄な子ギツネが、リュドミラと特別な絆を築いているということは確かだった。子ギツネたちが大きくなるに従ってその絆は強くなり、リュドミラもその絆の強さを感じていた。やがてプシンカが子供たちのけんかを子供たち自身で解決させるようになると、ペンカはきょうだいにますます乱暴に扱われて、しばしば特別な人間の友人であるリュドミラに介入してもらわなければならなかった。

プシンカはよい母親で、子供たちとよく遊び、幼い頃は見守っていた。子ギツネたちと追いかけっこをするのが好きだった。プシンカと子ギツネたちは庭でリュドミラを追いかけ、彼女の服をひっぱったり脚や足を甘噛みしたりした。プシンカは確かに注意深かったが、子ギツネたちが大きくなると遊びが乱暴になり、自分で身を守らなければならず、小柄なペンカにはリュドミラの保護が必要だった。プショクはとくにペンカに対して攻撃的で、リュドミラの記録によれば「好戦的な目つき」でペンカをにらみ、その後しばしば襲いかかった。リュドミラがつねにペンカを守れるわけではなく、あるときペンカは激しく攻撃されて首の被毛がむしられた。リュドミラは獣医に連絡し、ペンカは治療のために医院に運ばれた。

ペンカは適切な治療を受けるために、飼育場の中心エリアで回復期を過ごした。リュドミラが見舞いに訪れると、彼女の登場でペンカは明らかに元気になった。リュドミラが帰るとペンカはくんくん鳴いた。リュドミラは感動して、別れの辛さを日誌に次のように書いた。「わたしは午後六時にペンカを見舞い……わたしが名前を呼ぶとペンカはやってきた。おとなしく、文句を言わずにわたしに挨拶した……すぐにわたしの両手の上によじのぼってきた」毎日これが続いた。「ペンカは悲しそうに座っていたが、うれしそうになった」リュドミラが近づいたからだった。リュドミラがペンカといっしょにいたとき、彼女の小さなキツネの友人は「［彼女の］そばを離れようとしない……まるで子イヌのように、わたしの足元に駆け寄ってくる。わたしが何をしても受け入れて、なではじめると、横になって寝た」こともあった。子ギツネにこんなふうにされて、リュドミラが感動せずにいられるだろうか？

リュドミラはペンカを愛すると同時に、子ギツネ全員に愛情をいだいており、子ギツネのほうもリュドミラや彼女の娘マリナに愛情をいだいているようだった。「子ギツネたちはいつもわたしとマリナの周りに集まっていた」リュドミラは日誌に書いた。「わたしたちのひざに、一度に三、四匹がよじ登ってきて……何かを『歌って』いた」この新しい発声については、それ以上詳しく描写することは難しかった。これまで聞いたことがないような音で、満足を表すような音に聞こえたが、発声はリュドミラの専門ではなく、彼女はあらためて動物の感情を評価することの困難さを思い出すのだった。そこで当面はそれを日誌に書きこみ、いずれこれらの発声について取り上げようと心に決めた。

子ギツネたちがいつもより騒がしいムードのとき、彼らはリュドミラにぶつかってきて、「尾を振り、床に寝転がって、ハアハアと荒い息をした」。子ギツネたちは気楽な生活を送っていた。あるときリュドミラが家の一室に入ると、子ギツネ全員が「おもしろい寝相で眠っていた。何の心配も恐れもなく」

プシンカとリュドミラのあいだにも深い絆が結ばれていた。子ギツネたちが成長し、子ギツネたちを見守る時間が減っていくと、プシンカはリュドミラに関心を向けるようになり、つねに彼女といっしょにいたがるようになった。リュドミラが裏庭の反対側にいると、プシンカもやってきて隣に立ち、自分と遊んで自分をなでるように要求したり、リュドミラの足元に寝そべって、首をなでてもらいたがったりした。リュドミラが研究所の仕事や家族と過ごすためにしばらく留守にしたあとで家に戻ると、プシンカはうれしそうに尾を振り、玄関で出迎えた。

プシンカが身につけたもうひとつのイヌに似た行動は、家を訪れる人を一般的な人間としてではなく、個人として扱うということだ。プシンカはだいたいにおいて人々に友好的だったが、イヌがある種類の人々に敵意をあらわに吠えたり、会ったばかりの人になついたりするのと同様に、プシンカにはほかよりも警戒する人々がいた。リュドミラが与えた特別な食べ物、たとえば鶏のモモ肉を家のなかに隠すというプシンカの癖は変わらず、ある日、清掃係の女性が家にやってくると、プシンカはねぐらから飛び出してきて部屋の隅から隅へと移動して、隠してあったものをガツガツと食べた。とっておきのおやつを片付けてしまう可能性があるこの女性に、プシンカは警戒心をいだいているようだった。野生のラットの家畜化実験をおこなっているパーベル・ボロジンはよく訪ねてきて、リュドミラがどうしても外出しなければいけない場合にはそのまま泊まっていった。プシンカは彼の前であおむけに寝て、腹をなでてほしいと言うように彼を見上げた。プシンカは、彼女と子ギツネたちと実際に同居している人々は──リュドミラだけでなく、日夜家にいる研究者たちも──特別なカテゴリーに入ると理解しているようだった。

それでもプシンカがもっとも強い絆を結んだのはリュドミラとで、それはイヌと飼い主の絆に似ていた。プシンカはますますリュドミラを守ろうとすると同時に、彼女の関心を独り占めにしたがった。ある日、リュドミラが新たにラーダという名前の従順な雌ギツネを家に連れてきたとき、プシンカはラーダに襲いかかり、裏庭まで追い出してしまった。パートナーはリュドミラに対しても怒っているようにふるまった。「プシンカはもうわたしを信用していないと感じた」と、リュドミラは記録している。「ラーダを家の外に出すと、「なでることも許してくれなかった」しかしそれはすぐに改善された。「わたしがわたしとプシンカとの関係はいつもと同じように戻った」

絆の強さは明らかだった。だがそれでもリュドミラはプシンカが示した忠誠心に驚くことになる。それは一九七四年七月十五日のことだった。リュドミラはリラックスするために家の外に置かれたベンチにしばらく座っていた。プシンカはよくするように、リュドミラの足元に寝そべっていた。近くの柵に近づいてくる足音でプシンカは目を覚ました。リュドミラは、飼育場の夜警がパトロールしているのだろうと判断して、何とも思わなかった。しかしプシンカは違った。リュドミラはこれまで、プシンカが人に対して攻撃的な行動をとるのを見たことがなかった。しかしこの時、プシンカは明らかに危険を感じていた。プシンカは侵入者と思われる人のほうへ向かって駆け出し、リュドミラはその時自分が聞いた音に愕然とした。プシンカが、連続して吠えたのだ。攻撃的なキツネは、ケージに近づいてくる人に対して、短く脅すような鳴き声をあげることがある。しかしこれは違った。プシンカに人が近づいてきたわけではなく、彼女から出ていって誰かに吠えた。まるで番犬のような声だった。そのときリュドミラの頭に浮かんだのは、イヌは飼い主を守るために吠えるけれども、キツネはそんなことはしない、ということだ。

リュドミラは柵に駆け寄り、プシンカを驚かせたのはやはり夜警だったと気づいた。リュドミラがその女性と話しはじめると、すぐにプシンカは問題なしと判断して、吠えるのをやめた。

リュドミラは今になっても、あの七月の夜に自分の友人が吠えるのを聞いたときに押し寄せてきた感情を正しく言い表す言葉を見つけることができない。誇らしさに胸がいっぱいになった。プシンカはと言えば、彼女も誇らしげだった。

リュドミラは、エリートのキツネがひとりまたはグループの人間と同居することで、イヌと似たような特定の人間への忠誠心が生まれるのかどうか、知りたいと思っていた。プシンカの場合、リュドミラとの深い絆と、保護するような行動が生まれたのは疑いない。

リュドミラと飼育場の職員全員が飼育場のはずれにある家を「プシンカの家」と呼ぶようになった。そこで過ごす時間は退屈知らずだった。プシンカの子ギツネたちはますますにぎやかになって、リュドミラと熱心に遊ぶようになった。「子ギツネの一匹がわたしのひざに跳びのると、二匹目が一匹目をひきずりおろし、三匹目も二匹目をひきずりおろし、それが延々と続く」と、リュドミラは記した。彼女がソファーに座ると子ギツネたちは隣によじ登ってきて、髪のにおいをかいだり耳をなめたりした。子ギツネたちはリュドミラがつくった狩りごっこも気に入っていた。床に布かバスローブを広げて置き、リュドミラがその下で手をネズミのように動かす。すると子ギツネたちは後ろ足で立ち上がり、飛びかかった。

子ギツネたちはきょうだい間で張り合うようになり、リュドミラは第二の母親としてみんなを落ち着かせなければならなかった。「納屋でプショクがペンカを追いかけていた」彼女は記録した。「[そして]わたしが行くと、ペンカはうんざりした様子で、わたしが抱き上げるのを許し、家のなかに連れていくととてもうれしそうだった」

生後九カ月になると、プシンカの子供たちはもう子ギツネではなく、繁殖可能年齢に近づき、リュドミラとチームはいくつか決断しなければならないことがあった。プシンカとその子供とその孫たち全員をこの小さな実験用の家で飼うのは不可能だった。プシンカとその子供たちに生まれた子供のうち二、三匹だけを選んで家で飼い、その他は飼育場のほかのエリートギツネたちといっしょに飼育することになった。プシンカに敬意を表して、新しく生まれた子供たちはみんな「P」ではじまる名前をつけられた。短期間で、プロシュカ、パミール、パシュカ、ピーバ、プーシャ、プロコー、ポルユス、プルガ、ポルカン、ピオンが仲間入りした。彼らは成長するにしたがって、それぞれ独自の性質を示すようになった。プロシュカはリュドミラの髪のにおいをかぐのがとくに好きだった。ポルカンはリュドミラが行くところどこにでもついていきた。日誌によれば、プロシュカの「お気に入り」はリュドミラの靴を噛むことだった。パミールはとくに「おしゃべり」で、独り言をぺちゃくちゃ話していた。ピラトはほかの子ギツネより独立心旺盛だった。

リュドミラは家でキツネたちと過ごす時間を楽しんでいたが、ほとんどの日はそこに泊まらず、夜は家族と過ごすために自宅に帰るようになった。キツネたちはリュドミラが帰ってしまうのを嫌がり、玄関までついてきたので、最初はうしろめたく感じたが、いいこともあった。毎朝、家に近づいていくと、キツネたちは窓から外を見ていて、玄関で彼女を出迎え、よろこびを爆発させた。

一九七七年のはじめ、プシンカの家は荒れ果てた状態だったので、ベリャーエフは実験のこのパートを続行するために新しく家を建てる資金を確保した。彼とリュドミラはこの機会に、彼女がこの家での研究をおこなう方法について、ある重要な変更をおこなった。リュドミラは、キツネの変化について飼育場で集められる膨大なデータを分析するための時間を増やす必要があった。そこで二人は、リュドミラが一日のうちでプシンカとその子孫たちを観察する時間を減らすことにした。新しい家はキツネたちの区画とリュドミラのための区画に分かれていて、リュドミラが落ち着いて仕事ができるように、彼女の区画にキツネは立ち入り禁止にする。リュドミラは毎日少なくとも二時間を、家のなかや裏庭でキツネたちといっしょに過ごす。

プシンカ、その娘二匹と孫二匹は新居に移ったとき、彼らはこの変化をよろこばなかった。キツネたちは制限なくリュドミラと会いたがり、リュドミラ自身も彼らといっしょにいられないことがさみしかった。とくにプシンカはリュドミラとの長時間の別離にショックを受け、リュドミラがキツネたちに会いにやってくると、彼女の区画に忍びこもうとした。まんまと成功したときにはリュドミラのそばで身をよじり、リュドミラが彼女をキツネの区画に追い返そうとすると、嫌がって大きな声で鳴いた。リュドミラはプシンカが古い家での暮らしを記憶しているのだと気がつき、日誌に次のように書いた。「プシンカは裏庭にいるとき、そこで人間と楽しく暮らしていた古い家のほうをよく見ていた」

プシンカが悲しそうにしているのを見るのはリュドミラにとって辛いことであり、彼女はときどき規則を曲げた。「プシンカは［きょう］、異常に悲しそうで、愛情たっぷりだった」リュドミラは日誌に記した。「わたしの足の上に顔をのせて、悲しみと愛情のこもった目でわたしの目を見上げながら、そこでずっと寝ていた」その日、リュドミラはプシンカが彼女といっしょに過ごし、人間の区画を探検するのを許した。友人がそんなに落ち込んでいるところは誰も見たくないものだ。

おそらくリュドミラと彼女の研究を手伝っている助手たちがキツネと過ごす時間を減らしたせいで、キツネたちは人間といっしょに過ごす時間に貪欲になった。誰かがキツネの区画に入ってくると、駆け寄って、その関心を競い合った。通常キツネたちはキツネだけで楽しく遊んでいるし、大抵の場合互いに仲よくしている。しかしリュドミラか、家でもっとも多くの時間を過ごしている助手のタマラが、腰掛けて休憩し、キツネの誰かにどんなことでも特別な関心を向けたりすると、別のキツネがその輪に入ろうとしても、攻撃的なうなり声で追い払われてしまう。

家で暮らすキツネたちは、リュドミラと「身内の」人間たちを守ろうとするようになった。一九七七年七月のある日、研究所所属の研究者と学生が、はじめてキツネを見るために家にやってきた。二人が家に入ると、プシンカが激怒した。プシンカがこれほど攻撃的になったのは、夜警の女性を吠えて追いかけたあの晩以来のことだった。あの夜のような吠え声を聞いたことはないし、今も吠えてはいないが、ひどく攻撃的なうなり声をあげている。エリートギツネたちには通常は見られない行動だ。プシンカは明らかにこの家の関係者と見知らぬ人を区別していた。プシンカが新たな行動を学んでいることは間違いなかった。

ベリャーエフが一九七一年のエディンバラでの国際会議で吸収してきた、生まれつきの行動と育ちによる行動のどちらが重要かという論争は、当時もまだ盛んにおこなわれていた。プシンカについてのリュドミラの発見は、この問題でどちらかを強硬に主張することは単に間違っているという強力な証拠をもたらした。

アフリカ東海岸のタンザニアのゴンベ保護区でチンパンジーを観察した霊長類学者ジェーン・グドールの研究をめぐって、とくに激しい論争が勃発した。グドールは、古生物学者ルイス・リーキーの勧めで一九六〇年代からチンパンジーの観察をはじめた。リーキーと妻メアリはタンザニアのオルドバイ渓谷で、原人の骨格化石の驚くべき発見をしており、霊長類の行動を観察することが、そうした人類の祖先たちがどのように生活していたかの理解に役立つのではないかと考えた。チンパンジー社会の性質について、また彼らの行動の多くがいかに人間と似ているかについてのグドールの報告は、早くから人々の注目を集めていた。動物行動学者の一部の界隈では、観察した行動が意味することについてのグドールの主張に対して、強硬に反対する向きもあった。彼女は著書である『森の隣人』のなかで、チンパンジーの共同体の結束の強さについて魅惑的な筆致で書いた。「グループの新たに加わったある雌が、大きな雄のところに行って手を差し出すのを見た。ほとんど王のように雄は雌の手を伸ばして雌の手を握り、自分のほうへ引き寄せて、唇でキスした。二匹の成体の雄が挨拶で抱き合っているのを見た」若いチンパンジーたちは、「木の梢を通り抜け、互いを追いかけ回し、何度も何度も枝から下の枝へと次々とジャンプする」[4]といった、毎日の仲間による行動を大いに楽しんでいた。

グドールは、グループ内の個々のチンパンジーは独自の個性を示し、もっとも強いのは母子の絆だが、近親だけではなくより広いグループで社会的絆が結ばれていると主張した。チンパンジーたちは自分のグループのメンバーを純粋に気にかけているようだった。食べ物を分け合い、必要なときには助けに駆けつける。グドールにとってはショックなことに、一九七〇年代半ばまで観察を継続するなかで、激しい暴力も目撃した。力をもつ雌がグループ内の別の雌の子供を殺したり、雄による集団殺害があったり、ときには自分たちが殺したメンバーを食べることさえあった。動物たちが戦略的に自分と同種を殺すということも、人間に独特の特徴だと考えられてきた。でも違った。グドールにとっては残念なことだった。「最初にゴンベで観察をはじめたとき」グドールはずっと後になって書いた。「チンパンジーは人間よりも善良だと思っていました。でもやがてそうではないとわかりました。チンパンジーも同じくらいひどいことをします」[5]

チンパンジーの一見人間に似た行動は、彼らには古生物学者が考えていたよりも高度な思考力や人間に似た感情があるしるしだと、グドールとその他大勢が考えた。これが動物の心についての新たな推論や一部の動物の思考、そして学習がどこまで高度なのかについての推測に拍車をかけた。彼女の研究はさらに、われわれ人類がどれくらい霊長類の祖先に似ているのかについての新たな考えをかきたてた。しかし霊長類学者の一部は、グドールのチンパンジーの心についての憶測はやり過ぎだと考えた。グドールは擬人化、つまりチンパンジーが本当はもたない人間の性質を投影していると、彼らは主張した。彼女がチンパンジーに、グレイビアード、ゴリアテ、ハンフリーといった名前をつけていたという事実も、火に油を注いだ。しかしチンパンジーは道具をつくるほど賢いというグドールの主張はとりわけ強硬な反対を受けた。グドールの初期の観察のなかに、チンパンジーが細い小枝の樹皮をむいてアリ塚に挿し入れ、引き出して小枝についてきたアリたちを食べたというものがあった。彼女はこれを、これまで人間以外の霊長類では不可能だと思われていた、道具使用の明らかな証拠だと考えた。動物の認知の専門家の一部は納得しなかった。この行動は人間風の問題解決や推理の証拠と考えるべきではないというのだ。

リュドミラがキツネで観察している学習は、道具の使用とはまったく異なるものだが、ベリャーエフとリュドミラは、家畜化の過程を理解するうえで重要なことだと考えた。二人は動物の認知や感情の専門家ではなく、キツネの認知能力について研究したり、キツネたちが尾を振ったり、くんくん鳴いたり、手をなめたり、あおむけに寝転がったりする際に人間のような幸福や愛情を感じているのかどうかを分析したりする余力もなかった。動物の感情について決定的な洞察を得ることは、不可能なのではないかと二人は考えていた。動物の感情に関してはそれが事実だと、今日でも多くの専門家が論じている。

しかしリュドミラとの同居によって、プシンカとその一家の家畜化行動が強調されたということは間違いなかった。全員がかなりイヌに似てきた。リュドミラは、プシンカが初歩的な推論能力を示しているるしるしとも考えられる行動を観察していた。

そのなかでもとりわけ印象深かったのは、リュドミラが観察した、プシンカのカラスに対する狡猾なトリックだ。リュドミラ自身もそのトリックにだまされた。ある日リュドミラは、飼育場でキツネと過ごし、家に戻る途中で、プシンカが家の裏庭で完璧に静止して寝そべっているのを見かけた。プシンカは息をしていないように見えた。リュドミラはびっくりして駆け寄ったが、プシンカは依然としてぴくりともせず、近づいても呼吸している様子が見えなかった。リュドミラは踵を返して、獣医を呼びに行こうとした。彼女がふりかえったとき、プシンカの近くにカラスが着地した。一瞬にしてプシンカは蘇り、カラスを捕まえた。プシンカに合理的な思考力がなかったら、これほど巧みな計画の説明がつかないのではないか、とリュドミラは思った。プシンカの行動は、カラスが彼女を死んでいると思いこむといいうことの理解を示しており、カラスのなかには死体をついばむことを好むカラスもいるという基本的な理解にも関わっている。もしそうなら、プシンカの罠は見事に仕掛けられていたということだ。

おそらく、キツネによるある種の推論のなかでもっとも驚くべきだったのは、新しい家での仕事を手伝うようになった助手のマリナ（リュドミラの娘のマリナとは別人）が、いつものように、たばこを吸うために腰掛けたときに起きた。マリナがジャクリーンというあだ名をつけた家のキツネの一匹は、とくにマリナになついており、マリナも彼女をかわいがっていた。その日、マリナが一服しようと腰掛けると、通常はテーブルのマリナの席に置かれている灰皿がなかった。マリナが家にいた職員らに灰皿がどこにあるか知っているかと尋ね、全員で探しはじめた。部屋に置かれた戸棚の裏から音がして、ジャクリーンが灰皿を押し出してきた。みんなびっくりした。

ひょっとしたらまったくの偶然で、ジャクリーンはたまたま行方不明になった灰皿をおもちゃ代わりにして遊んでいたのかもしれない。しかしジャクリーンは確かに、マリナが何を探しているのか理解していた。おそらくジャクリーンはマリナがたばこを吸っているところを何度も見て、二つを結びつけたのだろう。リュドミラはジャクリーンの頭のなかをのぞくことは不可能だから、この直感を追求することはできなかった。それから数年後に、動物の認知を専門にする研究者が飼育場のキツネのことを知り、興味深い研究をおこなうためにアカデムゴロドクへとやってきた。研究の結果、キツネたちが人々を観察することによって推論する力の強さが示された。

リュドミラとベリャーエフにとって、さらに調査を深めることができたテーマは、生まれながらの特質が飼育場の従順なキツネたちに影響を与える方法を調べることだった。二人はつねに研究の最新のテクニックを採り入れていた。当時リュドミラはプシンカの家に住んでいた。彼女とベリャーエフは、エリートギツネに見られる行動のどの程度が遺伝子由来なのか、さらに掘り下げて調べることを決めた。

二人はキツネのすべての条件を一定にしようとしていたが、気づかないほどわずかな差異が実験に入りこむことがあった。たとえば、従順な母ギツネと攻撃的な母ギツネで子供の扱い方が異なっていたら？　子ギツネたちは母親の扱い方から学んで、人に対して従順または攻撃的になるのではないか？

従順なキツネと攻撃的なキツネとの間に観察される行動の違いが遺伝子の差異によるものかどうかを確認する方法が、ひとつだけあった。ベリャーエフとリュドミラは、「交叉哺育」と呼ばれる方法を試すことにした。従順な母ギツネの子宮から胚を取り出し、攻撃的なキツネの子宮に移す。攻撃的なキツネは出産し、その子ギツネたちを育てる。もしその子ギツネたちが、母親が攻撃的であるにもかかわらずに従順に育ったら、従順さは基本的に遺伝であり、学習されたものではないとわかる。ベリャーエフとリュドミラは念のために、攻撃的な母ギツネの胚を従順なキツネの子宮に移植するという実験もおこない、類似した結果になるかどうかを調べた。

原理上、交叉哺育は単純だ。研究者は長年、遺伝あるいは環境の役割を調べるためにこの方法を利用してきた。しかし実際には言うは易し行なうは難しで、実施するのは技術的に難しいうえに、うまくいく種もあればいかない種もある。これまでキツネの胎児を移植しようとした例はない。だが二人は前例のないことを数多くやってきた。リュドミラは細心の注意を要するこの手順を独学することにした。ほかの種でおこなわれた移植実験に関する文献を読みあさり、職員の獣医師に相談した。命がかかっているのだから、時間をかけてできる限り学んだ。

リュドミラは受胎後八日ほどの小さく壊れやすい胚をある雌ギツネの子宮から別の妊娠中の雌ギツネの子宮に移植することになった。従順な母ギツネの胚を攻撃的な母ギツネの子宮に移植し、攻撃的な母ギツネの胚を従順な母ギツネの子宮に移植する。七週間後に子ギツネたちが生まれたら、従順な母ギツネの子が攻撃的になるのか、攻撃的な母ギツネの子が従順になるのか、その行動を注意深く観察する。しかしいっしょに生まれるきょうだいのなかで、その母の遺伝的な子と、移植した子とはどう見分けたらいいのだろう？ その見分けがつかなければ、実験は無意味だ。リュドミラは、キツネには独自の毛皮色識別システムがあることに気がついた。被毛の色は遺伝的形質なので、子供の被毛の色を予想できるようなつがいを選び、攻撃的なキツネの子供と従順なキツネの子供の被毛の色が異なれば、きょうだいのなかでどの子が母ギツネの遺伝的子孫で、どの子が移植された子か見分けがつく。

リュドミラは忠実な助手であるタマラとともに、この移植手術をおこなった。手術は各回、どちらも妊娠一週間くらいで一匹は従順、もう一匹は攻撃的である二匹の雌ギツネにおこなわれた。キツネたちに軽く麻酔を施し、リュドミラは腹部を小さく切開して子宮の場所を確認する。子宮の左右にある

「角」には複数の胚が着床しているので、一方の子宮角から胚を取り出し、もう片方の子宮角にある胚はそのままにする。その手順を二匹目のキツネでもくり返す。一匹目のキツネから取り出した胚を、ピペットの先端に入れた一滴の栄養液のなかに取り、二匹目のキツネの子宮に移植する。リュドミラは手術の成功を誇らしげに語る。「胚が子宮の外［室温約十八度から二十度］にあったのは五、六分以下でした」術後、雌ギツネたちは術後室に移され、回復する時間を与えられた。

研究所の誰もが結果を心待ちにしていた。手術がうまくいっても、移植された胚が生き延びないおそれもある。彼らが待ったかいがあった。キツネの新しい動きに気づくのはたいてい世話係で、今回のお産でもそれは変わらなかった。すぐに研究所に知らせが送られた。「まるで奇跡のようだった」リュドミラは日誌に書き記している。「職員全員がケージの周りに集まってワインで乾杯した」

リュドミラとタマラは、子ギツネたちがねぐらから出て人間と交流を始めるとすぐにその行動を記録しはじめた。ある日リュドミラは、攻撃的な雌ギツネが遺伝上の子供たちと移植された子供たちを連れているところを見ていた。「目が離せませんでした」リュドミラは言う。「攻撃的な母ギツネの子供たちには、従順な子ギツネと攻撃的な子ギツネの両方がいました。移植された子供たちはまだヨチヨチ歩きなのに、人がケージの近くに来ると、扉のほうに駆け寄ってきて、尾を振りました」目が離せないのはリュドミラだけではなかった。「攻撃的な母ギツネは、従順な子ギツネたちのそうした行動を罰していました。うなり声をあげ、首をくわえて、ねぐらに放りこんでいました」攻撃的な母ギツネの遺伝上の子供たちは人に好奇心を示さなかった。彼らは、母親と同じく、人間が嫌いだった。「一方、攻撃的な子ギツネたちはその誇りを失いませんでした」リュドミラは回想する。「母親のするように人に対して攻撃的にうなり、ねぐらに駆け戻りました」このパターンは何度もくり返された。子ギツネたちは、育ての母親ではなく、遺伝上の母親と同様にふるまう。もう一片の疑いもなかった――人に対する基本的な従順性と攻撃性は、ある程度は遺伝形質だと言える。

プシンカとの同居実験によって、従順なキツネの行動の一部は学習されたものだと示された。人といっしょに暮らすことでキツネたちは、新たな行動を学び、その一部は近縁種の家畜化されたイヌの行動と共通する。遺伝子が重要な役割を果たしていることは確かだが、従順なキツネは単なる遺伝子のオートメーションではない。彼らは人と共に暮らすことによって、人間の個人を見分け、特定の人と特に強い絆を結び、その人を守ろうとさえするようになる。これらの学習された行動があまりにもイヌに似ていることから、イヌへの変化過程にあったオオカミも、人といっしょに暮らすことによってこうした行動を学習したのではないかという、興味深い考えが暗示された。ベリャーエフとリュドミラは、動物の行動が遺伝系統とその生活状況の組み合わせで生み出されるという非常に有力な証拠を呈示した。しかもとても創造的な方法によって。

ベリャーエフからキツネを家畜化するという計画をはじめて聞かされたとき、リュドミラはサン・テグジュペリの古典童話『星の王子さま』に出てくるキツネの印象的な言葉を思い出した。「飼いならした相手には、いつまでも責任があるんだよ」キツネは王子さまに言うのだ。リュドミラは、ベリャーエフや助手らとともに、その責任をしっかり自覚していた。彼らが飼育場の大切なキツネたちを守るために夜警を雇ったのも、それが理由のひとつだった。責任とともに愛情も生まれた。プシンカやその子孫とともに暮らすことで、リュドミラと助手たちは、イヌやネコの飼い主たちがペットに向けるのとまったく同じ愛情をキツネたちにいだいた。それを否定するのは意味がないとリュドミラにはわかっていた。

彼女たちが感じている強い愛情はまた、人と動物の絆がいかに強くなってきたのかを明らかにする上でも重要であるからだ。

避けられないことだが、愛情は大きな喪失と悲しみももたらした。

一九七七年十月二十八日、リュドミラとタマラが実験用の家に近づいても、窓から外をのぞくキツネの姿が見えなかった。そして玄関前にやってきても、興奮した鳴き声が聞こえなかった。何かがおかしかった。キツネたちはいつでもよろこんで迎えてくれるのに。二人は心配になって扉を開けた。駆け寄ってきたり、飛びついてきたりするキツネは一匹もいなかった。家のなかはからっぽだった。部屋じゅうに床にも壁にも血が飛び散った痕があった。二人は愕然とした。ごろつきが夜中に家に押し入り、毛皮目当てでキツネたちを殺して持ち去ったのだ。

リュドミラとタマラはショック状態だった。しばし沈黙の後、二人は泣きだした。そのとき、くんくんという鳴き声が聞こえてきて、プシンカの孫息子たちのなかでももっとも臆病な、小さなプロシュカが部屋に入ってきた。「プロシュカはわたしたちの声が聞こえたので隠れ場所から出てきて、それからわたしたちのそばから離れませんでした」リュドミラはそう語った。キツネたちのなかで一番静かで、よく一人でいた彼が、その賢さと幸運で生き残ったのだった。

プロシュカはいつものようになるまでにしばらく特別なケアを必要としたが、その後は実験用の家で幸せに暮らした。さらに多くのキツネが家に移ってきて、やがてそのキツネたちが子供を産み、そのなかの一匹がプシンカ2と名付けられた。キツネたちはその後数年間、実験用の家に住みつづけたが、事件は二度と起きなかった。しかしリュドミラが家で過ごす時間はしだいに減っていった。あまりにも辛かったからだ。

キツネ殺しがどのようにおこなわれたのかは、いまだにわかっていない。実験用の家の周囲には高いフェンスが張り巡らされ、家のドアには鍵がかかっていて、壊された痕跡もなかった。飼育場をパトロールしていた夜警二人は、何も異常はなかったと報告している。警察が呼ばれた。警察は捜査に関して多くを語らなかった――一九七七年のソビエトではそれが普通だった――が、リュドミラとベリャーエフと話をして、職員を尋問した。職員が関わっているとは誰も思わなかったが、彼らが何か見聞きしているかもしれない。しかし何もなかった。キツネを殺した犯人はどうやら、真夜中に素早くやってきて去っていったらしい。

「四十年近くが経ったけれども」リュドミラは言う。「いまだに恐ろしくて」「この悲劇の原因のひとつは、わたしたちのキツネたちが人を信用していたから、彼らを愛してかわいがる人間のほかに、彼らを銃で撃つ人間もいるのだと知らなかったからです」

しだいにほかの人々がプシンカの家での実験を継続する任務を担うようになってきたことに、リュドミラは感謝した。ときには家で過ごすことがあまりにも辛く感じていたからだ。そこで新たに、特別なキツネを使った一連の研究を立ち上げることにした。

6　繊細な相互作用

「交叉哺育」遺伝学実験やリュドミラとプシンカの強まった絆は、人間とイヌとの関係を超高速で進ませたかのようだった。従順性を対象とする人為選択が、動物の行動にそこまで重大な変化を引き起こすのは驚くべきことだった、野生では成体になると一匹で生活するキツネが、まさに別の種の相手と強い絆を結ぶとは。こうした変化がオオカミではいつごろ起きたのかを正確に知るすべはないが、遺伝および考古学的証拠から、われわれがほかの動物と結ぶような絆が人間とオオカミ、または原始イヌのあいだで生まれたのは、少なくとも数千年前、おそらくは数万年前だと考えられている。この関係はあまりに長期にわたり、あまりに親密になったことから、専門家のなかには、ヒトとイヌという二つの種は共進化、つまり互いに共に生きるための遺伝的適応を得たのだと考える向きもある。イヌとの共同生活はわたしたちのDNAに染みこみ、イヌのDNAには人との共同生活が染みこんでいる。

人とイヌとの絆がどれほど古く、またどれほど急速に強くなったのか、その力強い証拠が、世界中で多数発見されている古代のイヌの埋葬遺跡だ。先史時代の人々の多くは、愛する人を埋葬するのと同様に、愛犬も墓に埋葬した。飼い主と同じ墓に入れることもあった。実際、イヌの埋葬は、およそ一万五千年から一万四千年前のあいだにイヌが完全に家畜化された直後からおこなわれている。

これまで見つかったなかでもっとも古いイヌの埋葬例は、一万四千六百年前から一万四千百年前のあいだで、場所はドイツのボン近くにあるオーバーカッセル遺跡だ。その墓には五十歳ほどの男性一人と、イヌの飼い主と見られる二十歳ほどの女性一人の骨とともに、雌イヌ一匹の死骸の欠片が埋葬されていた。人とイヌの親しい関係をより鮮明に示したのは、一万二千年前にさかのぼるヨルダン渓谷の遺跡だ。その墓は住居の入口で、大きな石板のしるしがあった。人の骸骨が、眠るような姿勢で右側を下にして丸くなっており、伸ばした左腕は子イヌの骸骨の上に置かれている。共同体にとってイヌがとても大切にされていたことを示すイヌの埋葬例は、シベリアのバイカル湖畔でも多数見つかっている。およそ八千年から七千年前のあいだだ。そこではイヌは細心の注意を払って埋葬され、その一部は貴重な副葬物といっしょに埋められていた。多くのイヌがシカの角を削ってつくったスプーンやナイフといっしょに埋葬され、あるイヌは、この地域の人がしていたように、シカの歯でつくったネックレスを首にかけて埋葬されていた。ある墓では、男性ひとりがイヌ二匹を左右に一匹ずつ従えて埋められていた。

こうした墓が示すのは、初期の社会にとってのイヌは、使役動物として、番犬として、狩りの供として大いに役立つ存在であったのは疑いないが、人とイヌの関係は純粋に功利的なものをはるかに超えるものになっていたということだ。多くの専門家はこうした埋葬が、イヌが精神的な存在であると見られていたこと、死に際しては人と同じ敬意を示すべきだと考えられていたことを示すと考えている。[1] この説を裏付ける証拠が、バイカル湖畔の遺跡から見つかった。ここでは貴重な副葬品がイヌと共に埋葬されたということもあるが、そもそもこのあたりの人々は湖で獲れる魚やアザラシに食料を依存する採集者であり、おそらく狩りの助けとしてのイヌは必要としていなかった。

われわれの祖先はなぜこれほどまでにイヌ好きで、そこまでイヌを敬愛していたのだろう？　理由のひとつは、イヌは長いあいだ家畜化された唯一の動物であり、それでイヌには何か特別なものがあると考えられたというものだ。控えめな見積もりでイヌの家畜化が一万五千年から一万四千年前だとすると、イヌはおよそ五千年にわたり唯一の家畜だったことになる。ヒツジとネコは一万五百年前ごろに家畜化されたと考えられている。その後は比較的次々と家畜化が進み、およそ一万年前にヤギ、九千年前にブタとウシが家畜化された。[2]

近年の幾多の考古学的発見によって、人とイヌは以前に考えられていたより何千年も前から共に暮らしていたらしいとわかり、また遺伝学における興味深い発見から、人とイヌは長い共同生活のなかで、お互いの幸福のためになるように変化してきたという考えが出てきた。おそらくもっとも示唆に富む考古学的発見は、およそ二万六千年前に描かれたライオンやパンサーやクマなどの猛獣の壁画で有名な、フランスのショーヴェ洞窟の床で見つかった一式の足跡の化石だろう。おそらく十歳くらいの少年の足跡の隣に並んで、イヌ科の大きな獣の足跡があり、この動物はオオカミよりもイヌに近かったのかもしれないと考えられている。[3] 少年の供をするようにして原始のイヌが並んで歩いていたところを想像すると楽しくなる。そして壁画の恐ろしい捕食者たちの絵を見れば、オオカミ－イヌの連れがありがたがられたのは確かだ。それ以前にもイヌまたはイヌの祖先が人の暮らしのなかに存在していたということは、ベルギーの洞窟〔ゴイィエ洞窟〕で見つかった、およそ三万千七百年前のイヌに似た動物の頭骨で裏付けられている。[4]

人とイヌが長年共に暮らし、環境や生き方の多くの変化を乗り越え、人は狩猟採集民から農民へ、都市生活者へと変わり、イヌもそれに付き従ってくるなかで、人とイヌの遺伝子は複雑な類似した方法によってお互いに対して、また環境に対して、適応してきた。たとえば、われわれの祖先が小麦・大麦・米などの栽培をはじめて、高デンプン質の物を食べるようになった人間のゲノムの遺伝的適応と同様のことが、イヌのゲノムでも起きた。その結果、イヌも高デンプン質の物を食べられるようになった。おそらく最初は人の畑や貯蔵庫をあさり、後には餌として与えられるようになったのだろう。オオカミは肉が中心の食生活をしており、それらの穀物を食べられる複雑な遺伝機構をもたない。[5]

人とイヌが共に暮らす生活にとくに適応しているということは、人とイヌがお互いに及ぼす好ましい効果の数でも裏付けられている。イヌと共に暮らすことには身体的にも精神的にも人に有益な影響がたくさんある。たとえば血圧や心臓病の比率や医者に行く頻度を減らし、一般的な社交性を高め、抑鬱症を防ぐ力になる。神経伝達物質オキシトシンの最近の研究は、イヌの飼い主なら誰でも知っていることを確証した。つまり、人とイヌは相手といっしょにいて純粋に楽しいということだ。双方が、ある種の気分のよい過速度的な相互強化によって、ポジティブなフィードバック・ループの利益を得る。

オキシトシンが人の母親と子供（人以外の母親と子供）との絆に基本的な物質であることは、四十年以上前からわかっていた。[6] 最近の研究では、人の母親と新生児が見つめ合うとき、母親のオキシトシンのレベルが上昇し、新生児のオキシトシン系はトップギアに入ることが判明した。それで新生児はますます見つめることになり、それがまた母親のオキシトシンのレベルを上げる。[7] 二〇一四年にこの研究が発表されたときにはすでに、イヌと飼い主の交流におけるオキシトシンの役割について多少のことはわかっていた。人がイヌをなでると、人とイヌ、両方のオキシトシンのレベルが上昇する。[8] しかしその後さらに多くのことが明らかになった。二〇一五年の研究では、見つめ合った結果スイッチが入る母親と子供のオキシトシン・ループは、飼い主とイヌのあいだでも働いていることがわかった。この研究によれば、飼い主とイヌが単純に見つめ合う場合、双方でオキシトシンのレベルが上がる。それがさらになでることにつながり、なでたこと－なでられたことの結果としてオキシトシンのレベルがさらに上昇し、いわば化学的な愛情が溢れた状態になる。さらに、研究でおこなわれたように、イヌの鼻にオキシトシンをスプレーすると、イヌは飼い主を見つめる時間が長くなり、これもまた愛情が溢れた状態を引き起こす。実験でイヌをオオカミに替えると、これらの現象は起きない。この発見のためには研究者側に鋼鉄のような勇気が必要だったはずだ。[9]

こうしたイヌと飼い主がお互いに及ぼす生物学的な効果は、われわれの身体でホルモンや化学伝達物質の生成を支配する遺伝子の変化によって生じる。それらは、従順性を対象とした選択が身体機能を制御する化学物質の生成に連鎖的な変化を引き起こすというドミトリ・ベリャーエフの説をさらに強力に裏付けることとなった。ベリャーエフは当初、自説でホルモン生成の変化を強調していた。なぜなら彼が最初に理論を打ち立てたとき、オキシトシンのような化学伝達物質についてはまだよくわかっていなかったからだ。一九七〇年代の研究で化学伝達物質が動物の行動制御に大きな役割を演じており、とくに動物の幸福感に影響するということが明らかになりはじめると、化学伝達物質は不安定化選択によって生じる変化の不可欠な一部なのかもしれないと、ベリャーエフは気づいた。動物の行動が、脳や全身をめぐるそれらの物質のレベルの変化にいかに敏感であるかについての理解が急速に進み、従順なキツネの行動がなぜこれほど短期間で変わったのか、なぜリュドミラとプシンカはこれほど強い絆を結ぶことができたのかを説明するのに役立った。

キツネの実験の最初の十年間、ベリャーエフとリュドミラは、従順なキツネの化学伝達物質がどのように変化しているかを本格的に調べることはできなかった。従順なキツネはストレスホルモンのレベルがかなり低いという発見は、力強いスタートだった。しかしそれ以上の研究は、化学伝達物質を測定し、操作する方法が開発されるのを待たなければならなかった。一九七〇年代にその分野で大きな進展があったおかげで、リュドミラとベリャーエフはさらに重要な発見をいくつも成しとげることができた。

重要な新発見のひとつは、セロトニンという化学伝達物質に関係していた。セロトニンは一九三〇年に発見され、当初は筋肉を収縮させる物質だとされた。セロトニン（serotonin）という名前は「血清（serum）の調子を変える（toning）」を短くしたものだ。[10] ところが一九七〇年代はじめに、脳内で高レベルのセロトニンがあると気分の向上と不安の軽減につながるということが発見され、リュドミラとプシンカが家に入居した一九七四年には、セロトニンに基づく抗鬱剤が登場した。セロトニンの効果が新たに理解されたことで、従順なキツネが幸せそうに見えるのは化学伝達物質を高レベルで分泌しているのが一因だろうとベリャーエフは考えるようになった。リュドミラは対照群のキツネと従順なキツネの血液中のセロトニン・レベルを測定した。やはりそのレベルは従順なキツネのほうがかなり高かった。彼らは幸せそうに見えるだけでなく、ホルモンの示すことを信じるなら、実際に幸せだった。これはオオカミと比較されるイヌでも同じだ。イヌのほうがセロトニンのレベルが高い。[11]

セロトニンに加えてリュドミラとベリャーエフの研究対象となったのは、メラトニンメラトニンというホルモンは、だった。メラトニンは多くの種で交尾や生殖のタイミングを制御しているホルモンとして知られている。エリートの雌ギツネが早く発情期を迎えたり、一部では一年に複数回発情期があったりすることにも関係しているはずだと、二人は推測した。メラトニンが動物の交尾のタイミングに関係していると考えられたのは、多くの野生動物は一日のうち昼間が長くなりはじめると交尾をはじめるからだ。メラトニンの生成は動物が浴びる光の量によって変化する。そのレベルは昼と夜で、また季節によっても上下する。昼間は下がり、夜になると上がる。多くの種では、冬から春に向かって昼が長くなりはじめる頃の動物の身体内におけるレベルの変化が、交尾の引き金になると考えられてきた。

メラトニンの生成の増減を司る制御機構は、松果体という、脳の奥深くにあり光を感受する小さな器官だ。そのため「第三の目」という別名があり、脳の中心近くに位置するため生命機能に不可欠だと考えられてきた。十七世紀に、ルネ・デカルトは松果体を考えが生み出される「魂のありか」だと呼んだ。[12]しかし光を感じる以外に正確にはどのような機能があるのか、よくわかっていなかった。研究者らは、松果体がメラトニンその他のホルモンを生成していることはつきとめた。また、メラトニンのレベルの変化は交尾や生殖のプロセスに重要な性ホルモンの生成にかかわり、生成を猛烈に促進することもわかった。

ベリャーエフとリュドミラは、キツネが浴びる光量の変化が、交尾の準備ができるタイミングに影響を与えるかどうかを調べることにした。秋の数カ月間、リュドミラと助手たちはエリートギツネと対照群のキツネの両方に、その時期の通常よりも一日に二時間半長く光を浴びせた。当初、リュドミラはキツネたちのメラトニンのレベルを測る技術を有していなかった。それはまだ開発されたばかりで、高度な専門性を必要とする難しい手順だった。しかしそれほど複雑ではない性ホルモンの測定は可能だった。彼女のチームが分析によって明らかにしたのは、浴びる光量の増加によってエリートギツネと対照群のキツネの性ホルモンのレベルはどちらも大幅に上昇すること、またその効果はエリートギツネにより顕著に現れるということだった。さらにこれは雌ギツネも雄ギツネにも当てはまり、それはリュドミラがこれまで見てきた雄ギツネの生殖における生物学上の最初の重要な相違点だった。実際、リュドミラが調べたとき、従順なキツネたちのレベルがあまりにも高くなっており、一部は交尾の準備ができていた。そして今度は雌だけでなく雄もそうなっていた。これはキツネの研究において大きな意味をもつ新展開だった。というのも、これでリュドミラは、年に一度以上受胎するという、家畜化されたほかの種で起きたことがエリートギツネたちにも可能かどうかを調べられるからだ。リュドミラは交尾させるペアを慎重に選んだが、雌ギツネは誰も妊娠しなかった。生殖プロセスの制御には、性ホルモンの上昇以外のことも関わっているのは明らかだ。

それでも、これは大きな発見だった。光量を特別に増加させる以前から発情期の開始が早まっていた従順な雌ギツネは、同じ光の量に対して、ほかのキツネたちと異なるレベルのメラトニンを生成していることが示された。メラトニンのレベルの高低は、キツネの身体内のメラトニン・レベルを測定しなければ判断できない。これは難問だった。専門技術をもつ人間を探す必要がある。研究所の研究員に、ラリッサ・コレスニコワという松果体の働きの専門家がいたが、彼女でさえメラトニンを測定する最先端の方法は知らなかった。

ベリャーエフはラリッサに対して、このキツネの研究に加わり、メラトニン測定法の訓練を受ける気があるかと訊いた。そのためにはソビエト連邦の外に出る必要があり、訓練には数カ月かかる。ラリッサはこの挑戦に興味を引かれ、重要な発見をする機会に魅力を感じた。ドミトリ・ベリャーエフのそばで働けることも大きな魅力だった。「彼といっしょに働けることには魅力がありました……不安な気持ちよりもその魅力が勝っていました」[13] ラリッサは訓練のための出張に同意した。しかし彼女を国外に送り出すのは簡単なことではなかった。ベリャーエフは彼女の出国許可を得て、訓練のための費用を捻出する必要があった。冷戦によってロシア人科学者らは孤立と資金不足を強いられていたが、彼はなんとしても研究の最前線に立つ決意をもっていたし、有力な研究所所長として仕事をやりとげる力もあった。ベリャーエフはラリッサを、メラトニン・レベル測定の最先端の研究がおこなわれているサン・アントニオ大学ヘルス・センターへ送り出した。

だが技術を学ぶことは、実際のメラトニン・レベルの測定の道半ばにすぎなかった。ラリッサは、メラトニンのレベルに重要な変化があると予想される、通常の繁殖シーズンである一月後半の直前に、昼間および夜中のキツネの血液サンプルを採取する必要があった。昼間のサンプル採取はそれほど大変ではなかった。だがシベリアの冬の夜はしばしば容赦のない寒さになり、気温は氷点下四十度まで下がる。ラリッサは、月光が反射して雪を「青みがかったり、ライラック色だったり、紫色に」変え、美しい星々が「はるか、はるか遠くに見える」夜の美しさに集中するようにと自分に言い聞かせた。[14] しかしもうひとつ問題があった。この作業は彼女ひとりではできず、世話係の助けが必要だった。世話係の職員たちはストレスホルモンのレベルを測るときに、同様の仕事を手伝ったことがある。しかしそのときの作業は昼間だけだった。

世話係のほとんどは家庭をもつ女性たちだった。ラリッサは彼女たちに、二週間にわたり、午後十一時から午前二時までの数時間、家族を置いて出勤してほしいと頼むことになる。彼女は懐かしそうに語った。「子供を寝かしつけることができなくなるとか、次の日の食事の支度ができなくなるとか、そんな文句を言った人はひとりもいませんでした……彼女たちのモットーは、『科学のためなら、やりましょう』でした」

凍てつくような寒さの夜、バレリーという名前の、研究所のバンの運転手を務める愛想のよい男性が、十一時数分前にアカデムゴロドクにあるラリッサのアパートメントで彼女を乗せ、そこからというカインスカヤ・ザイムカという小さな町に向かい、職員たちを拾う。ラリッサの記憶では、全員が窓辺に立ってバンの到着を待ち構えていた。彼女たちはタイミングが肝心だと承知していて、自分が作業を遅らせる原因になりたくないと考えていた。

バレリーがキツネ飼育場の立ち並ぶ小屋の前にバンを停めてギアをパーキングに入れ、エンジンをかけたまま待つあいだ、ラリッサたちはリュドミラがその日に書いたサンプルを採取すべきキツネの一覧を確認する。できるだけ早く回れるように、その夜のルートを綿密に計画する必要があった。雪が激しく降ってきており、彼女たちはまず小屋、そしてサンプル採取のためにキツネたちを連れていく研究室への道を雪かきしなければならなかった。ほぼ真っ暗闇で、わずかに月の明かりがあるだけのなか、一部の女性はリュドミラが用意した懐中電灯を持って進んだ。小屋のなかに入ると、懐中電灯でケージについている名札を確認し、急いで目的のキツネを見つける。ありがたいほど温かいキツネを両腕でしっかりと抱きかかえて、小屋と研究室を往復した。まるで秘密の軍事作戦をおこなっているかのようだった。血液サンプルの採取が終わり、みんなでバンに走って戻ると、「バレリーが笑いながら、『完全に凍っちゃったかい』と訊きながらドアを開けてくれました」と、ラリッサは回想している。

血液サンプルの分析を終えたラリッサはベリャーエフとリュドミラに会い、興味深いものが見つかったと報告した。従順なキツネの血液中にあるメラトニンの量は対照群のキツネと同じだった。違っていたのは、松果体内のメラトニンのレベルだ。従順なキツネのほうがかなり高かった。[15] この結果は奇妙だ、と彼女は言った。従順なキツネたちは予想どおりより多くのメラトニンを生成していたが、そのメラトニンは一種の結晶のような形で松果体に蓄積しており、そこに「足止めされて」血中に出ていくことができない。またエリートギツネたちの松果体は対照群のキツネたちのものよりずっと小さく、およそ半分ほどの大きさだった。いったい何が原因でそうなったのか、見当がつかなかった。

従順なキツネの内分泌系、つまりホルモンの生成を司る部分に劇的な変化が起きているのは明らかだった。しかしきわめて複雑な内分泌系の働きについての理解が限られていたせいで、何が、なぜ起きているのかを正確に論じることは不可能だった。あまりにも複雑なので、現在でもその発見を説明するのは難しい。従順なキツネと対照群のキツネに現れたはっきりとした違いについて言えるのは、従順性だけを対象として選択した結果、キツネたちの生殖器系に重大で複雑な変化が生じたということだ。何年も前にベリャーエフはそれを推論していた。

ベリャーエフとリュドミラがホルモンとセロトニンのレベルの調査を行っている頃、ベリャーエフは、モスクワでの開催が迫っている一九七八年の国際遺伝学会の準備に追われていた。会議の事務局長として、彼はあらゆる手配の統括責任者であり、世界中そしてソビエト連邦からのもっとも優れた最新の研究はもちろんのこと、ロシア文化の最高のものを紹介するにぎやかな催しにしたいと考えていた。会議には六十カ国から総勢三千四百六十二名の遺伝学者が参加予定で、ほとんど全員がソビエト連邦に来るのは初めてだった。これはソビエトの遺伝学にとって大きなお披露目のパーティーであり、彼らがルイセンコの影から抜け出して一流の研究をおこなっていることを全世界に示すチャンスだった。ベリャーエフは参加者たちがモスクワへの旅を忘れがたい経験とし、冷戦の対立を報じるニュース番組で見せられるソビエト連邦とはまったく異なる印象をもって帰ってもらいたかった。

デタントによって、この前例のない西側遺伝学への扉が開け、ソビエト当局が西側と本格的に協力するというしるしとして、国際遺伝学会が開かれる前年の一九七七年、ソビエト連邦科学アカデミーと全米科学アカデミーが協力してソビエトの研究プログラムの質を評価することになった。ノースカロライナ州立大学の上席の遺伝学者、ジョン・スキャンダリオスが任命され、ソビエトの遺伝学センターを数多く視察して回った。ノボシビルスクの細胞学遺伝学研究所もそのリストにあり、その訪問はベリャーエフに、できるだけロシアへの好印象を与えるための予行演習の場となった。

スキャンダリオスは、要人専用のアカデムゴロドクのホテルを用意されて、幾晩もキャビアとウォッカがふんだんに供される豪華な食事でもてなされた。ベリャーエフと妻のスベトラーナはキャンダリオスを自宅に招き、研究所の研究者たちが集まる恒例の夕食会に参加させた。夕食会にはベリャーエフの物語と活発な議論がつきものだった。スキャンダリオスは、研究者らが西側における最新の研究成果だけでなく、文化や政治についての知識を貪欲に吸収しようとしていることに大きな感銘を受けた。

ベリャーエフは誇らしげにスキャンダリオスをキツネ飼育場に連れていった。スキャンダリオスはベリャーエフが一匹の従順なキツネをケージから出し、「まるで小さな赤ん坊にするように、なでながら話しかけていた」ことを憶えている。彼はベリャーエフのことをいささか厳格な人物だと思っていたが、いっしょにいるうちに温かなところもあるとわかってきていた。それでも、キツネに対してこれほど優しく愛情深い様子を見て、驚いた。またベリャーエフが科学の向上のためには反抗的になれることや、研究者たちのことを深く案じていることにも。ある日二人はある人との会合を後にし、その会合でひどく苛立ったベリャーエフは、スキャンダリオスに言った。「あいつは尊大な大馬鹿だ」スキャンダリオスは次にように回想している。「科学の話をするときディミトリはとても熱心で、同時に自分たちが西側よりもひどく遅れていることを懸念していました[16]」研究所の若い科学者たちが何人も、スキャンダリオスに未発表の論文を手渡し、欧米の遺伝学術誌に彼らの名前で投稿してほしいと依頼したことを知ったベリャーエフは、それは依然として公式規定の違反であったが、スキャンダリオスに対してそうしてくれて構わない、出国時に荷物を捜索される心配はないと言った。

ベリャーエフと研究所はスキャンダリオスの報告書で高い評価を得て、ベリャーエフは国際遺伝学会に向けてのよい前兆だと感じた。

ソビエトの科学界における地位のしるしとして、ベリャーエフは国際遺伝学会をソビエトの権力と伝統の中心であるクレムリンで開会する許可を得た。堂々とした壁の内側に元老院、イワン大帝の鐘楼、大砲の皇帝、アルセナール（旧兵器庫）、武器庫、黄金の小塔をもつ美しい教会がいくつも立ち並ぶ。夜の演説の皮切りのセッションは六千席を擁する大クレムリン宮殿でおこなわれた。

最初に登壇した国際遺伝学会会長のニコライ・ツィーツィンは、七十九歳の植物学者で、世界の第一線で活躍する遺伝学者らから成る聴衆を前に、ソビエト連邦は本格的な科学に復帰したことを保証し、次のように演説を始めた。「ソビエトの人々、科学者、遺伝学者、選択主義者を代表して……」この「選択主義者」という言葉を選択することで、ルイセンコとその否認主義は去り、メンデル遺伝学とダーウィンの自然選択説がふたたびソビエト遺伝学の原動力になるという明白なメッセージを送ったのだ。ドミトリ・ベリャーエフは大いによろこんだ。その点を主張することは、彼が大変な仕事を引き受けた大きな理由のひとつだった。ツィーツィン会長はさらに、ダーウィンの自然選択説は近年、ベリャーエフ教授の不安定化選択という有力理論によってより強固なものとなったとも述べた。[17] いいぞ、会議の滑り出しは順調だと、ベリャーエフは思った。

開会のスピーチが終わると客たちは、豪華な料理の並ぶクレムリン宮殿の晩餐会場へと向かった。ある出席者によると、「シャンペンとキャビアは飲み放題・食べ放題だった」。[18] それ以外の夜には、ベリャーエフと妻スベトラーナはロシア・ホテルの贅沢なスイートルームでカクテル・パーティーを開催した。ロシア・ホテルは三千二百の客室を擁し、最上の部屋からはクレムリンが望め、館内に警察署まであり、世界最大のホテルとしてギネスブックに掲載されていた。ジョン・スキャンダリオスもそのパーティーに顔を出し、ロシア行きに同伴した妻ペネロピは、会場の国籍を超えた仲間意識、キャビア、チョウザメ、最高品質のコニャックがふんだんにあったことを懐かしく憶えていた。コニャックのチェーサーには砂糖漬けにしたレモンが添えられ、友情と遺伝学への乾杯が幾度もくり返された。

会議の事務総長として、ベリャーエフは基調講演をおこなう予定で、当然キツネの実験について話すことに決めていた。彼はプロの撮影クルーをキツネ飼育場に招き、リュドミラと助手たちが場内各地にクルーを案内し、従順なキツネたちがいかに人の関心をよろこび、攻撃的なキツネがどれほど獰猛かを見せた。リュドミラは撮影クルーをプシンカの家に連れていって、現在そこに棲むキツネたちと会わせ、キツネたちが名前を呼ばれると庭から家に小走りで入ってくる様子も見せた。

会場の明かりが落ちると、ウシたちが牧草を食べているところ、ウマたちが後脚で飛び跳ねているところ、子イヌたちが原っぱでじゃれているところなどの素材フィルムが流れ、ナレーターがきびきびした英語で、次のように語りはじめた。「家畜化された動物はおよそ一万五千年前から人によって育種されてきました」次に画面には小さなチャコール色のキツネが現れ、リーシュもつけずに、後脚で飛び跳ねながら、白衣をまとった女性――研究所の研究員のひとり――と並んで田舎道を歩いていく映像が流れた。キツネは道端の草のにおいをかぎ、巻いた尾を振って、女性がついてきているかを確認するかのように何度もその顔を見上げた――まるでイヌのようだ。カメラが飼育場を回り、子ギツネたちが研究者の指を甘噛みするところ、成体のキツネたちがリュドミラと助手のタマラがケージのそばに来るとうれしそうに尾を振るところ、プシンカの家に棲んでいる一家がリュドミラについてドアをくぐり、裏庭に出ると、リュドミラの関心を競って彼女を取り囲むところなどが映し出された。会場の照明が点くと、会場のあちこちで、これらの驚くべき動物たちについてのコメントが小声で交わされた。

ベリャーエフは演説の最後に、実験をはじめて二十年がたち、飼育場には家畜化された成体の雌ギツネが五百四、雄ギツネが五十四、子ギツネが二千四、その多くが家畜化の特徴を示していると述べ、さらに彼の不安定化選択と家畜化の理論は「もちろん、人間にも適応可能だ」という興味をかきたてる言葉で締めくくった。ベリャーエフはそれ以上の説明をしなかったので、ホールを出ていく聴衆たちのあいだでは、彼が何を言おうとしたのかについてさまざまな意見がささやかれた。

ヒトの進化も、イヌやヤギやヒツジやウシやブタの家畜化と同じ道筋をたどったのではないかという考えは、控えめに言っても挑発的だった。われわれ人間は、実のところ、家畜化されたサルなのだろうか？　モスクワで国際遺伝学会が開催された数年前に驚くべき人間の遺伝分析が発表され、ヒトは、もっとも近縁と見られていた類人猿であるチンパンジーときわめて近縁の関係にあるということが証明されていた。つまりこの研究が示したのは、ヒトとチンパンジーはあまりにも近縁で、彼我の認知能力の違いは言うまでもなく、生理の差異も遺伝子だけでは説明がつかないということだった。

一九七五年、メアリ＝クレア・キングとA・C・ウィルソンはアメリカの科学誌『サイエンス』に論文を発表し、「これまで調査されたヒトとチンパンジーのポリペプチドは、平均して、九十九パーセント以上一致した」と述べた。このことから二人は、二つの種の違いは主に、選択が引き起こした一連の新たな突然変異ではなく、遺伝子の発現の制御における変化に起因するという仮説を立てた。[19] この説はベリャーエフの不安定化選択説によく適合する。ベリャーエフは、家畜化に関わる劇的な変化の原因は、選択によって促進された新たな遺伝子変異の蓄積ではなく——それらもいくらか作用しているのは確かだが——むしろ、既存の遺伝子の発現の変化であり、それが異なる表現型を生じさせると考えていた。

遺伝子のスイッチをオンにしたりオフにしたり、あるいはなんらかの形で変化し、同じ遺伝子が垂れ耳、巻き尾、新たな被毛色といった異なる表現型を発現させるという、ベリャーエフの考えの核となる洞察が裏付けられたのだ。

遺伝子発現という用語は、遺伝コードをホルモンのような生物体内でつくられる物質に翻訳するプロセスの複雑さがわかってくるにしたがって、広く使われるようになってきた。配列決定技術《シーケンシング》が向上し、細胞の複雑な働きについての理解が深まると、遺伝子発現は、細胞による固定的なコンピュータのような遺伝暗号の「読み取り」の問題ではないということがわかってきた。暗号が修正され、生産が止まったり増やされたりすることもある。細胞生物学者らは、遺伝子が暗号化するタンパク質やホルモン、酵素、その他の化学物質の生成は、細胞内の微小粒子から成る小器官のリボソームによっておこなわれ、ある特定の化学物質の生成を増減するように干渉されることもあると確定した。遺伝子発現とは、基本的に、遺伝子が主導して細胞にタンパク質やホルモン、酵素やその他の化学物質を増減して生成させるプロセスとして理解された。発現の微細な変化が動物の生理や生命機能に大きな効果を生むことがある。なぜ従順なキツネがより多くのメラトニンを生成するのか、なぜメラトニンが血流に出ていかなくても、キツネの繁殖行動に劇的な影響を及ぼすのか――遺伝子発現のなんらかの変化、または一連の変化が、その説明となるに違いない、とベリャーエフとリュドミラは考えた。

後続の研究によって、遺伝子発現は多くの方法で、また環境要因を含む複数の因子によって干渉されることが明らかになった。メラトニン生成を制御する光の働きは、多数の例のひとつに過ぎない。

遺伝子が活性化するタイミングもまた、変更される。たとえば自前の生成物をつくらない「非コードDNA」の小さなかけらが遺伝子発現を操作して、発達過程における特定の遺伝子の活性化を早めたり遅くしたりすることがある。そうした活性化のタイミングの変化で、一九七〇年代にますます多くのキツネに現れはじめた身体的変化のひとつが説明可能だ。一九六九年には、額の白斑が現れたのは一匹の雄ギツネだけだったが、一九七〇年代をとおして世代を経るたびにますます多くのキツネの額に現れるようになった。発生学の進歩によって、細胞学遺伝学研究所の同分野の研究者らは、どのようにして白斑が現れるのかを説明できた。ベリャーエフとリュドミラが白斑を成す被毛を詳細に分析したところ、白斑はわずか三から五本の白い毛でつくられているとわかった。進行中の系統分析によって、白斑が現れる遺伝パターンはそれが遺伝子の突然変異によるものではないということを示していた。白斑の急速な増え方から、それはありえない。何かほかのことが関係しており、発生学者らはそれが、キツネの胚の発生におけるある面のタイミングの変化に起因すると解明した。

その頃には、発生学者らによって、胚の発生が進むにつれて体内のさまざまな部位に移動する細胞を追跡する方法が開発されていた。一部の細胞は脊柱の最上部に移動して脳細胞となり、また胚細胞や心臓細胞やその他になった細胞もある。研究所の発生学者らは、白斑を構成するわずかな被毛の白い色は、被毛の着色をつかさどる細胞が移動の命令を受けて皮膚細胞となるタイミングが原因で生じたと突きとめた。これらの細胞は通常、発生二十八日から三十一日までに移動するが、額に白斑をもつキツネでは、その移動が二日ほど遅かった。この遅れが、被毛の着色にエラーを起こし、その細胞の被毛を白くした。

細胞移動のタイミングは、遺伝子が生成した化学物質によって決められているのだろうとベリャーエフとリュドミラは考えた。そしてその遺伝子発現は、従順さを対象とする選択によって引き起こされた不安定化選択に影響されているらしい。

多くの後続の研究によって、遺伝子発現が途方もなく複雑な問題だということが示された。遺伝子発現を制御するプロセスがあまりにも複雑かつ予測不可能なので、病気と闘ったり身体の治癒力を活かしたりするためにそのプロセスを操る方法を学ぶことは、この先長年にわたって続く探究になるだろう。

ベリャーエフとリュドミラは、従順なキツネの一部を、ふたたび通常の繁殖期である一月よりも前に交尾させることを決めたとき、そうした巧みな働きの神秘的な複雑性という悲しい真実を経験することになる。リュドミラは、エリートの雌ギツネに加えて雄ギツネ数匹も、冬の繁殖期だけでなく秋にも性的に活発になり、交尾の準備ができていることに気づいた。これは彼らが浴びる光量の操作なしで起きたことだ。雄ギツネの変化は雌ギツネのそれと同様に、従順さを対象として選択しつづけたために起きたことだ。その年の秋、ベリャーエフとリュドミラは、それらのキツネたちをいっしょにしたら交尾するかどうか、従順な雌ギツネは妊娠するのかどうかを調べることにした。多くの雌ギツネが妊娠し、なかには流産した個体もいたが、何匹かは無事に出産した。これはキツネの実験にとって、またひとつ大きな一歩になった。キツネが家畜化されたら、ほかの家畜と同様に、年に一度よりも多く交尾が可能になるのかという問いへの答えが出た。

みんな、とくにベリャーエフは、おおよろこびだった。リュドミラは次のように回想している。「子ギツネが生まれると、ベリャーエフは研究所に行って会議室で緊急ミーティングを開きました」ベリャーエフは興奮した様子で職員に言った。「これはきみたちが誇りに思うべき結果だ。自慢できる結果だ」。

しかし悲しいことに、通常の周期をはずれて出産はできても、生まれた子ギツネを育てることはできなかった。母ギツネは子ギツネを育てるのに充分な乳を出さず、少し出た乳も与えたがらなかった。ほとんどの母ギツネは子ギツネを無視した。リュドミラのチームは、厳格なスケジュールでスポイト授乳をして、何もできない赤ちゃんギツネの世話をがんばった。しかしそれでも足りなかった。子ギツネたちは全員死亡した。

ベリャーエフが何年も前に仮説を立てたとおり、不安定化選択はキツネの遺伝系を大きく変えたが、生殖準備の繊細な周期の一部要素が互いに同期しなくなった。イヌやネコ、ウシやブタでは、その家畜化が展開したより長い進化時期に、人間と近接して棲むことによる選択圧の変化によって、母親はより多くの乳を出し、年に一度よりも多く養育本能を発揮するように生殖器系が再調整されたのだ。新たな選択条件がこの新しい調整をもたらしたということは完全に筋が通っている。生まれた子に餌と保護が与えられるなら、年に一度より頻回に子を産むことが自然選択によって選ばれる。動物の繁殖者も、その能力を対象にして選択するはずだ。キツネでは、従順さを対象とした選択によって、年に一度よりも多く繁殖する段階まで進んだが、まだ養育するところまでは至っていない。原則として、母乳をつくり、よい母親になる能力が次の段階と考えられるだろう。しかしリュドミラが言うとおり、生殖器系は「一夜にして変わることはありえない」。

一九八〇年代はじめは、キツネに起きている重大な生物学的変化の謎が解明されはじめた、キツネの実験にとってきわめて生産的な時期だったが、その後の八〇年代は実験にとってひじょうに困難な時となった。

一九七九年にソビエト軍がアフガニスタンに侵攻し、ソビエト連邦と西側同盟諸国とのあいだの緊張がふたたび高まり、デタントを逆行させた。ジミー・カーター大統領はソ連軍と戦うアフガンの抵抗勢力に秘密の支援を送り、一九八一年に大統領に就任したロナルド・レーガンはその姿勢を強化し、自国の軍事力増強にも回帰した。米政府が策定実行したレーガン・ドクトリンは、ラテンアメリカ、アフリカ、アジアにおけるソ連の影響に対する抵抗運動を支援するとともに、ソ連の力を弱める政治的経済的施策だった。

緊張の高まりによって、ベリャーエフが促進に一役買った、西側の科学者たちと鉄のカーテンのこちら側にいる科学者たちとの交流による成果が無に帰すおそれが出てきた。スコットランドで開催された一九七一年の動物行動学会にベリャーエフを招待したオーブリー・マニングは、ふたたび科学者コミュニティを分断する障壁が立てられつつあることを懸念していた。「ばかげたことだ、とわたしは感じていました」マニングは言う。「当時、冷戦は最悪だった。ロシア人科学者と西側の科学者は一切接触がなかった[20]」彼はなんらかの形で意見を表明しなければならないと決意し、ベリャーエフに、もし彼が受け入れてくれるなら、アカデムゴロドクを訪問してキツネを見たいと手紙を書いた。二人の文通は続いており、ベリャーエフが一九七一年にスコットランドでキツネの実験について発表して以来、いくつもの興味深い進展があったことをマニングは知っていた。

ベリャーエフはすぐに、いつでもマニングを歓迎する――しかもソビエト連邦に入国後は研究所がすべての費用を支払うから、マニングの負担は航空運賃だけだ――という内容の返事を書き送った。「わたしは「ロンドンの」王立協会に手紙を書きました」マニングは回想する。「接点をつくるのは価値あることだと。協会がわたしに旅費を助成してくれました」

マニングは一九八三年の春にソ連を訪れた。彼はほほえみながら、次のように語っている。「まるで王族のような扱いでした。当時、西側からの訪問者はほんとうに少なかったので、かなり大きなできごとだったのです」ベリャーエフは公式晩餐会を何度も手配し、あるときはアカデムゴロドクのさまざまな研究施設の長とその妻を招き、「ごちそうが載った巨大なトレーがいくつも並ぶ」贅沢な催しだったと、マニングは記憶している。彼はロシアの気前のよさの伝統や複数コースの食事をよく知らなかったので、最初の晩餐会では、腹いっぱい食べたあとで、メインのコースはこれからだと知り、「いささか困惑した」と語る。またマニングは、コースの合間に人々がたばこを吸うことにも驚いた。彼はベリャーエフに、「これはイギリスではありえないことだよ。女王を祝して乾杯するまでたばこは許されない。その乾杯は食事の最後にコーヒーが供されるまでおこなわれることはない」と言った。するとベリャーエフは高らかに、「それでは女王に乾杯しようではないか、オーブリー！」と言った。マニングはやむなくグラスをあげて、「女王陛下に！」と祝杯を挙げた。そのとき、マニングは自分が特別な友人を得たことに気づいた。「とてもすてきなできごとで、すべてを冗談にしてしまうのはいかにもドミトリらしいと、わたしは思いました。すごくよかった」

マニングは、細胞学遺伝学研究所で紹介された科学に感心した。研究者らは一流で、西側の科学者がソビエト連邦でのできごとを知っているよりもずっと、西側の科学についてよく知っていた。しかし彼が感心したのは、科学についての知識だけではなかった。彼が会った多くの人々は西側文化に精通していた。「ある日、わたしたちはボートの上でサンドイッチを食べていました」マニングは回想する。「そこでわたしは冗談めかしていいました。『なんてイギリス的なんだろう！』」ボートにはベリャーエフの報道官で通訳を務めていたビクトル・コルパコフも同乗していた。「間髪を入れずに、ビクトルがわたしに言いました。『今朝は市場に胡瓜は入荷しておりませんでした。現金でも買えませんでした』」マニングは圧倒された。「それはオスカー・ワイルドの『真面目が肝心』からの引用でした」〔胡瓜はサンドイッチ用だった〕彼が出会った多くの人は同様に西側文学の主要作品をよく知っていて、グレアム・グリーン、ソール・ベロー、ジェーン・オースティンといった作家の作品から気軽に引用した。「まったく驚かされて、とても謙虚な気持ちになった」とマニングは語っている。

このことから、西側とソ連の理解のギャップがよりいっそう悲劇的なことだとマニングには感じられた。ある晩、夕食のあとで、ベリャーエフと東西間の緊張について話すと、ベリャーエフは誰にもじゃまされない聖域である自分の書斎にマニングを案内した。「彼はたばこを吸い、わたしたちはしばらく話しました」マニングは言う。「……西側とソ連のあいだに依然として根深い相互不信が存在することについて」ベリャーエフは次のように答えた。「なぜこのような困難が存在するのだろう？」西側はソビエト圏に脅威を覚えているのだと、マニングは説明した。ベリャーエフはこれに困惑しているようだった。「脅威？　なぜ脅威を感じるのか？　攻撃の可能性は皆無なのに」彼は、ソビエト連邦は「平和を愛する国」だと言った。マニングはそれで、自分が暗記しているスコットランドの詩人ロバート・バーンズの一節を思い出した。「神よ、人がわれらを見るごとく、おのれを見る力をわれらに与えたまえ。そが多くの過ちと愚かな考えからわれらを解き放たんことを」また別の機会に二人で政治論議をした際、ベリャーエフはマニングをバーニャ──仲間と入浴しながらおしゃべりする蒸し風呂──に案内し、マニングのほうを向いて言った。「オーブリー、アンドロポフとレーガンがいっしょにバーニャに入るといいとわたしは思うよ」マニングも言った。「きみの言うとおりだ」そして内心、「彼の言うとおりだ、われわれは皆、裸の人間であり、その他のことは重要ではない」

マニングの旅のハイライトは、八月のある暑い日にキツネ飼育場を訪ねたことだった。キツネたちは期待どおりだった。「あるキツネをよく憶えています」マニングは語る。「尾を振りながら走り回り、わたしのそばにやってきた。わたしが手から餌をやると、彼はずっと尾を振っていた。驚きだった」彼は多数のキツネたちと遊びながら、「彼らはイヌのようだ……少しキツネっぽいイヌのようだ……コリーがこんな感じだろう」[21]と気づいた。飼育場のキツネたちはマニングの関心をよろこんだが、実験用の家に棲むプシンカの子孫たちは違った。ベリャーエフとリュドミラがマニングを案内したときにプシンカの家にいた、キツネ・チームの一員であるガレナ・キセレフは、その訪問をよく記憶している。キツネたちはマニングには目もくれず、「わたしの周りに集まって、わたしの足首を登ろうとしたり、わたしの目をのぞきこんだりしていました」。ベリャーエフは言った。「ガレナ、何をしている？ 彼らをマニングのほうに来させてくれ」しかしガレナにはどうすることもできなかった。「プシンカの家に棲むキツネたちは、男性嫌いで女性を好きでした。世話係が全員女性だったから」マニングが驚いたのは、キツネたちが彼に関心がないことではなく、彼らがどの人間にも好かれようとすることだった。

プシンカの家への訪問を終えて、ベリャーエフとリュドミラはマニングを飼育場でもっとも特別な場所に案内した。家の横にあるベンチだ。九年前、リュドミラがこのベンチに座っていると、足元にいたプシンカがとつぜん彼女を守るために駆け出していったのだった。マニング、リュドミラ、ベリャーエフ、ガレナは並んでベンチに腰掛け、さまざまなキツネの逸話をやりとりした。

飼育場を訪問して数日後、マニングがエディンバラに帰る日が来た。驚いたことに、ベリャーエフが空港まで送ってくれた。ソビエト連邦の研究所所長は訪問者の見送りなんて卑しい仕事はしないものだ。マニングはわかっていた。だがベリャーエフは、直接最後の別れを告げずにマニングを帰すのがしのびなかった。「［空港の］ゲートには女性がいました」マニングは回想する。「……乗客が先に行く資格があるか確かめるため、搭乗券を確認していました」ベリャーエフはもちろん搭乗券をもっていなかったので、女性は彼にこの先に行くことはできないと告げた。「彼はそっと、だが断固として、彼女を脇に押しのけました。そして駐機場までいっしょに歩きました」そして、とマニングは続ける。ベリャーエフは「わたしをハグして、ロシア式のキスをしました」マニングは控えめに言っても驚いた。「なにしろ、わたしはそれまで男にキスされたことは一度もありませんでした……深く感動しました……目に涙がこみあげてきました」

ソビエト連邦で温かく歓迎されたからこそ、帰国後の対応にはなおさら気が滅入った。スコットランドに到着すると、マニングはイギリスの諜報機関であるM15に訪問について尋問された。「ひどく不愉快だと感じました」マニングは言う。彼は丁重にくたばれと言い、自分は科学者として訪問したので、ソビエトが開発していると彼らが考えている「キラー小麦」についてのばかげた質問に答えるつもりはないと述べた。

鉄のカーテンの両側にいる科学者たちが自由に考えを交換し、マニングとベリャーエフが経験したような相互理解を築けるようになるまでに、ソ連と西側の関係はさらに大きな混乱を経なければならなかった。

7　言葉とその意味

一九八〇年代半ばまでに、従順なキツネたちの大部分はプシンカが最初に見せたイヌに似た行動をするようになった。自分の名前に反応し、呼ばれると囲いの手前にやってくる。対照群のキツネはそんなことはしない。飼育場のなかでもう少し自由にしてみたらどうなるかを見るために、ひと握りのキツネたちがリーシュをつけて散歩することを許された。彼らは行儀がよく、さらに選ばれた数匹は、プシンカがしていたように、リーシュをつけずにケージから出されるほど信用された。彼らは世話係の後をついて歩いた。リュドミラは、ある職員が「けっしてひとりで歩いていることはなく、いつでも小さなキツネが彼女の後について歩いていた」のを憶えている。

キツネたちの一部は今や、イヌにとてもよく似てきたので、オオカミがイヌになるときに骨格が変化したように、キツネたちの骨格も変化しているはずだとリュドミラは確信していた。とくに、従順なキツネの鼻づらはより短く、丸く変化し、友好的な行動と似つかわしい友好的な顔つきになった。実際、彼らの見た目はあまりにもイヌに似てきて、エリートギツネの一匹で、飼育場の人気者だったココという名前の雌ギツネは、飼育場の近所のノボシビルスク郊外からやってきた若者に、野良イヌと間違われたほどだった。そのときココはかなりの長旅をしていた。

ココの人気の一因は、彼女が幼い頃から「ココ、ココココ」とも聞こえるかわいらしい鳴き声を発していたからだった。リュドミラはココのことを懐かしそうに、「あの子は自分で自分にニックネームをつけたのです」と語った。生後数週間のあいだ、飼育場の職員全員がココの運命を心配して気にかけていた。生まれたときあまりにも小さく弱かったので、生き延びることは難しいと思われていたのだ。獣医が毎日ブドウ糖のサプリメントとビタミン剤を与え、みずから授乳したが、依然として衰弱していた。毎朝、職員は飼育場に出勤してくると開口一番に「ココの具合は?」と尋ねた。研究所の職員らも、毎日ココの様子を知りたがった。

職員のひとり、ガーリヤは夜帰宅すると、動物好きの夫でアカデムゴロドクのコンピュータ技師であるベーニャに、ココの具合について話していた。二人は、もし獣医がココには望みがないと判断したら、自分たちの小さなアパートメントをキツネ用ホスピスにして、人間の愛情を注ぎながらココを看取ることを話し合った。リュドミラは二人がココを引き取ることを認め、獣医からできることは何もないと言われて、二人は飼育場からココを連れ帰った。驚いたことに、二人の自宅に着くとココは元気になり、それまでより食べるようになった。数日のうちにココは新しく生まれかわったようになり、死の危機はなくなった。リュドミラはココを飼育場に戻すのではなく、彼女を深く愛するガーリヤとベーニャと共に暮らすのが幸せだと判断した。ココも二人、とくにベーニャによく懐いた。

ベーニャはココに夢中になり、仕事にも連れていきたがったが、それは不可能だった。毎晩帰宅すると、しっかりとココのリーシュを握って近くの森のなかを散歩した。ココはリーシュを嫌がらず、行儀よくしていた。しかしある日、ベーニャが残業で遅くなり、ガーリヤがココの散歩に連れていったとき、ココは森のなかの離れた場所にいた男性を見つけると、ガーリヤを振り切って駆け出していった。ガーリヤはココを見失ってしまった。おそらくココは遠くの人影をベーニャだと思いこみ、違ったとわかって逃げてしまったのだろう。ガーリヤは急いで家に戻り、帰宅していたベーニャと二人でココを探しはじめた。

その後数日間、ベーニャは毎日森に入って大親友を探し、出会う人誰彼構わずココを見かけなかったかと尋ねた。ようやく、町からやってきた若者がイヌに似たキツネを見つけて連れていったという情報が得られた。しかしベーニャがその若者を探し出したときには、ココはいなくなっていた。最初の夜、ココは激しく鳴いて若者の家のドアをガリガリとひっかいたので、彼はココを外に出してしまったのだ。

ベーニャは次に、地元の遊び場にいる子供たちのなかで交わされている噂話を耳にした。ココは、最初に彼女を連れていった若者が住んでいた同じアパートメントに住む女性に飼われているらしい。ベーニャはその女性の名前を突きとめ、そのアパートメントを訪ねたが、彼女はドアを開けることを拒否した。ベーニャが、ココは特別なキツネで、アカデムゴロドクの研究所の実験で生まれた一匹であると訴えると、女性はチェーンをかけたままでドアを少しだけ開けて、ぶっきらぼうに「わたしはそんなキツネは飼っていない」と言った。しかしその夜遅く、そのような特別なキツネを捕まえていることが心配になった彼女は、ココを外に逃がした。ココの長旅はまだ続いた。

ベーニャはふたたび遊び場の子供たちから、地元の有名ないじめっ子である十代の少年がココを連れていたという目撃情報を得た。しかし子供たちは少年の名前も住所も知らなかった。わかっているのは、彼が十二歳くらいだったということだ。そこでベーニャはリュドミラの助けを借りて、中学校の校長と面会し、彼とリュドミラで状況を説明した。そこで教師たちは中学校の全クラスに対して、ココは特別なキツネであり、彼女を見つけるために役立つ情報があれば、話してほしいと伝えた。それが奏功した。すぐに少年の名前が浮上し、ベーニャとリュドミラは、彼の住むアパートメントに急いだ。二人が着くと、少年の母親がココに鎮静剤を与えたところだった。明らかにその美しい毛皮を手に入れるため彼女を殺そうとしていたのだ。ベーニャは女性からココを奪い、両腕にぐったりしたココをかかえておもてに出た。新鮮な空気を吸ったココは息を吹き返した。

それから六カ月間、ココはベーニャとガーリヤのアパートメントで幸せに暮らしたが、発情期が訪れて、落ち着かなくなった。一晩中アパートメントのドアをひっかき、ベーニャとガーリヤは一睡もできなかった。ココはつがいを見つけたがっているのは明らかで、二人はリュドミラに相談して計画を立てた。ココは飼育場に戻って交尾し、その後はプシンカの家に移る。異なる家への引っ越しをスムーズにおこなうため、最初はプシンカの家の人間の区画で過ごし、いずれはキツネの区画に移りほかのキツネたちと暮らす。

ココは何年間もプシンカの家で暮らし、ベーニャは毎週末にココに会いに行き、ときにはソファーをベッド代わりにして泊まっていくこともあった。またよくいっしょに散歩していた。やがて、ココの健康状態が悪くなったとき、ベーニャとガーリヤは自分たちの自宅にココをひき取り、愛情をこめた世話で彼女を看取った。リュドミラはココが「穏やかにふるまい、最期の日々をとても満足して幸せに生きた」と語っている。ココの一番のよろこびは、ベーニャといっしょの椅子に座って外を眺めることだった。そんなふうにしていたあるとき、ココは椅子から飛び降りて前足の骨にひびが入ってしまった。まもなくココは肉腫を患った。ベーニャはココの世話をしたが、彼はココの命の終わりが近づいているとわかっていた。ココが心臓発作を起こして息を引き取ったとき、その傍らにはベーニャとガーリヤがいた。二人はわれわれの祖先までさかのぼる伝統に従って、ココとベーニャがよく散歩していた森のなかの小さな丘にココを埋葬した。

ベーニャは今でも定期的な墓参りを欠かしていない。

ベリャーエフとリュドミラのキツネたちがそのように愛らしいペットになったスピードは、キツネは成体になると単独生活を好むという生来の特徴を考えると、とりわけ驚異的だ。高度に社会的な動物であるオオカミとキツネとの違いは、オオカミがほかのどの動物よりもかなり早く家畜化されたことの鍵となる要因かもしれない。一匹オオカミという言葉があるが、野生のキツネとオオカミをくらべると、キツネのほうが単独を好む。イヌとその他の動物――ネコ、ヒツジ、ブタ、ウシ、ヤギなど――の家畜化の数千年の隔たりは、イヌの祖先であるオオカミの何かが人間集団との共生への適応に向いていたということを示唆する。ひとつの考えとして、その特殊要因は、オオカミがいかに社会的な動物だったかということが挙げられる。

人間の祖先の焚火のそばに横たわり、食べ物を分け合った最初のオオカミたちは、ほかのオオカミよりも従順だっただけでなく、すでに高度に進化した社会技能を有していた。ハイイロオオカミは厳密に構造化された群れで生活する。典型的な群れは七から十四のメンバー(もっとも群れは最大で二十から三十の個体を擁することもある)で構成され、最優位のアルファメールとフィメールが含まれる。群れの中心に家族単位が存在する。群れは互いに、また近くの群れと情報伝達する複雑な発声を使って、広い縄張りを守った。メンバー間の結びつきはきわめて強く、協力して狩りをしたり、母親だけでなく群れのほかの雌オオカミも子オオカミに授乳したりする。[1] ジェーン・グドールは「[オオカミは]チームワークの結果として生き残った……彼らはいっしょに狩りをし、いっしょの巣穴に棲み、いっしょに子育てをする……この古い社会秩序はイヌの家畜化に役立った。群れのオオカミを観察すると、互いに鼻をすり寄せ、尾を振って挨拶し、子供をなめて保護するなど、われわれが好ましく思うイヌの特徴がすべて存在する。忠誠心もだ」[2]どうやら互いに協力するという経験によって、人と協力する準備もできていたらしい。

ベリャーエフは並外れた向社会性が、ホモ・サピエンスという別の種の家畜化にも重要な役割を演じたのではないかと考えた。多くの動物、たとえばプレーリードッグやオウム、E・O・ウィルソンが著書『昆虫の社会』で印象的に描写したハキリアリなどは結びつきの強い社会集団をつくって生活しているが、とくに社会性の定義に規範、文化的儀式、コミュニケーション形態を含めるとしたら、われわれヒトは、地球上でもっとも社会的な種として卓越している。社会技能の強さおよび社会的結びつきの深さの増進は、霊長類の祖先からヒトが進化した際の中心的な特徴であり、まずは家族を基盤とする小さな狩猟採集民集団へと、やがてますます大きく、複雑になる家族間共同体の社会的環境への移行を可能にした。ベリャーエフは、この変化を引き起こしたのは何なのか、自身の不安定化選択説が説得力のある説明を提供すると考えた。

従順性を対象にした選択の結果家畜化が進むというベリャーエフの推測の多くが、一九八〇年代半ばまでに確認されたことで、彼はその考えを大きく発展させる勇気を得た。彼は、ヒトの進化にあてはめた不安定化選択と家畜化についての新たな考えを世界に対して知らせるときが来たと思った。一九七八年の国際遺伝学会での講演の最後で、彼の不安定化選択説は、ヒトが類人猿からどのように進化したのかについての洞察をもたらすだろうと考えているとほのめかした。今こそ、一九八三年にインドで開催される次の国際遺伝学会の基調講演のテーマとして、この主題についての議論を展開させることにした。

一九六〇年代および一九七〇年代にヒトの進化の道筋についての画期的な発見が相次いだことを受け、ベリャーエフはヒトがどのようにしてこれほど社交的になったのかについての理論を構築した。キツネの研究によって、ヒトは基本的に自己家畜化したこと、そのすべては従順性を対象にした選択から始まったことが示唆された。彼の説はおもに推測に基づいていた。とは言え、先史時代、岩に描いた物語によって知ることができる以前の、われわれの祖先たちの社会的生活をのぞきこむことは必然的に、少なくとも最初のうちは、推測に任せるほかはない。

ヒトが最初に互いに話しはじめたのはいつか、人間の意識に独特な特徴のひとつだと考えられる内省的な思考をはじめたのはいつだったのかは、わからないままかもしれない。彼らが夜に火を囲みながら互いに語っていたのはどんな物語だったのか、どんな歌をうたっていたのか、確実にわかることはないだろう。わかっているのは、さまざまな形の社会的儀式が彼らを結びつけていたということだ。彼らはかなりの時間と手間を費やして、宝飾品や彫刻の人形や、世界中の多くの洞窟の壁で見つかっている、赤みがかった黄土色の塗料ではっきりとヒトの手をなぞって描かれた刺激的な絵画のような芸術作品を制作した。これまでに見つかったなかで最古のひとつが、スペイン北部にあるエル・カスティーロ洞窟の壁画で、およそ四万年前にさかのぼると見られている。われわれの祖先はまた、こちらも最古のものは四万年前のものだと見られる動物の骨から彫りだしたフルートなど、楽器をつくることにもかなりの時間を費やした。愛する人が亡くなると、石器や動物の骨でつくった道具など、日常生活で使っていた大事な品物を副葬品にして埋葬した。およそ八千年前にバイカル湖畔に住んでいた人々がイヌの埋葬でしていたのと同じように。

ベリャーエフが自身の考えを発表する準備をしていた頃は、多くの原人が進化し、その一部はホモ・サピエンスと同時代に生きていたという事実がようやく受け入れられてきたところだった。ネアンデルタール人の最初の化石が発見されたのは一八〇〇年代にさかのぼるが、突然、次々と重要な発見がなされて、原人類のより複雑な様子がわかってきた。ベリャーエフはそうした発見について熱心に読みあさり、われわれホモ・サピエンスは自己を家畜化して社会的結びつきという強みを発展させてきたという自分の学説は、なぜわれわれの原人の系統だけが生き残ったのかを説明するかもしれないと考えた。

ルイスとメアリのリーキー夫妻は、新たな原人に関するもっとも重要な発見を幾つかしている。二人はタンザニアのオルドバイ峡谷での発掘作業で、多数の骨と頭蓋骨、加えて道具を発見し、それらが原人の系統の驚くべき多様性を明らかにした。メアリによる最初の大きな発見は、一九五九年に明らかに大型霊長類から進化したと見られる種の頭蓋骨を見つけたことだ。[3] しかしその頭蓋骨の形はヒトの頭蓋骨と大きく異なっていたため、この種はヒトの直接の祖先ではないと二人は結論づけた。頭蓋骨は巨大な顎骨をもち、頭頂部には前後方向に走る矢状稜と呼ばれる骨の突起があった。一九二〇年代に南アフリカで同様な頭蓋骨を発見した以前の研究者らは、この突起が顎骨に向かって下がり、顎骨に付着している強大な筋肉の錨のような働きをしていたと考えた。噛む力はきわめて強力で、リーキー夫妻はこの種に「ナットクラッカー・マン（クルミを割るヒト）」というあだ名をつけた。彼らがつけた正式な名前は、東アフリカの人間という意味のジンジャントロプス・ボイセイといい、この発見は世界中で新聞の一面を飾り、リーキー夫妻を一躍有名人にしただけでなく、人類の進化の専門家らのあいだで大きなセンセーションを巻き起こした。

当時、人間がアフリカの祖先の子孫であるという考えはまだ広く受け入れられなかった。ダーウィンとその同僚であるトマス・ヘンリー・ハクスリーはヒトの祖先はアフリカで進化したと推測していた。ヒトにもっとも近縁の類人猿が棲んでいた唯一の大陸だからだ。しかし古生物学者が一八二九年にベルギーで、その後ヨーロッパ各地でネアンデルタール人の化石を発見した。その種の名前は、一八五六年にネアンデルタール人の頭蓋骨が見つかったドイツのネアンデル渓谷（渓谷はドイツ語でタール）に由来する。やはり原人と見られる異なる種の頭蓋骨が、当時はジャワと呼ばれていたインドネシアで一八九一年に発見され、ジャワ原人と名付けられた。

中国、北京の近くの洞窟で一九二〇年代からはじまった発掘によって、この種の別の頭蓋骨が見つかり、北京原人と名づけられた。この種は直立歩行していたと考えられ、ホモ・エレクトゥスと命名された。遺跡では動物の骨の大きな山が見つかり、その一部が炭化していたために、料理されたのだろうと考えられた。明らかに原人である種の骨がまったく異なる場所で発見されたことで、ヒトはさまざまな場所で進化したのだと考える研究者もいた。[4]

一九六〇年代、リーキー夫妻はふたたび大きな発見をした。よりヒトに似た頭蓋骨の顎の骨とその他の欠片、そして手の骨だ。オルドバイ渓谷で見つかったこの頭蓋骨の一部からこの種はひじょうに大きな脳をもっていたこと、手の骨からしっかりモノを握れたことがわかると、二人は主張した。二人がこの地域で発掘していた石器の製作者はこの種だったと論じ、ホモ・ハビリスと名づけた。「ハビリス」はハンドルのラテン語であり、「ハンディー・マン（器用なヒト）」と名付けられた。リーキーやその他の研究者はこの種とナットクラッカー・マンは共存していたと主張し、直線的な進化という考えに異議を唱えた。この主張にほかの人類学者らは激しく反対したが、二種の化石がさらに多く発見されると、リーキー夫妻が正しかったことが証明された。

サルに似た種からヒトに似た種への変化に関する未解決の大きな謎のひとつは、われわれの祖先が直立歩行をしはじめたのはいつか、というものだ。この方面でリーキー夫妻は重要な発見をした。まずホモ・ハビリスの足の骨の化石が見つかり、直立歩行をしていたと考えられた。しかしもっとも驚くべき証拠は、一九七二年にルイスが死去した数年後、メアリがオルドバイ渓谷の近くの遺跡を発掘していて見つけたものだ。ラエトリというこの遺跡で、メアリは一九七六年、火山灰によってすばらしくはっきり残っていた動物の足跡の化石を見つけた。ある日、仲間の研究者のポール・アベルは足跡を調べていて、そのひとつが驚くほど人間の足跡に似ていることに気づいた。さらに発掘を進めて見つかった七十ほどの足跡は、ヒトが砂の上を歩いた痕に不気味なほど似ていた。

　これほど雄弁にわたしたちを過去に連れていく古生物学的発見は、おそらくほかに存在しない。詳細な分析によって、この足跡は三つの異なる個体によってつけられたことがわかった。その足のつま先、踵、土踏まずは実際、ヒトの足にそっくりだった。この種が直立歩行していたことを疑う余地はなく、足跡はおよそ三百六十万年前のものだった。

　足跡の場所ではヒト科の骨の化石が見つからなかったので、足跡を残した種は特定できない。しかし現在ではアウストラロピテクス・アファレンシスとして知られる種だったという証拠が集まりつつある。その種でもっとも有名なのがルーシーだ。ラエトリの足跡化石が見つかる二、三年前、古人類学者であるドナルド・ジョハンソンは彼が調査していたエチオピアのハダールという村近くの遺跡で、地面から肘の骨と見られる骨が突出しているのを見つけた。最終的に彼のチームはヒト科の女性の頭蓋骨と全身の骨格化石を発掘し、ルーシーと名づけた。その晩、発見を祝うパーティーで、ステレオからビートルズの「ルーシー・イン・ザ・スカイ・ウィズ・ダイアモンド」がくり返し流れていたからだ。

　身長は一・一メートル、頭蓋骨の大きさから脳はひじょうに小さかったはずだが、その骨格は明らかに彼女が直立歩行をしていたと示している。これは二つの理由で驚きだった。ひとつは、およそ三百六十万年前[5]という化石の古さで、古生物学者が従来考えていた最初の直立歩行の時期よりもずっと前だった。二つめは、それまで人類学者はヒト科の脳が増大してから直立歩行に進化したと考えていたからだ。現在では、ルーシーの肩の骨の大きさと形から、彼女が一部樹上生活をしていたと考える古生物学者もいる。ルーシーは、これまでに発見された類人猿に近い原人類と、現生人類にもっとも近縁のホモ属の祖先とをつなぐ重要なリンクだ。ルーシーの骨はラエトリの足跡と同じ時代に入り、ドナルド・ジョハンソンと彼のチームがルーシーの足を足跡化石と比較すると、一部はほとんど同じだった。

ルーシーと彼女の種の骨の研究によって、アウストラロピテクス・アファレンシスの子供たちは人間の子供たちよりもずっと早く成熟していたとわかった。つまりわれわれ人間への進化には、従順なキツネの特徴で多くみられる成熟の遅延が関わっていた可能性が高い。

ベリャーエフは、ヒトはおもに不安定化選択のプロセスをつうじて進化してきたことが証拠で示されたと考えた。一九八一年、彼はこの理論を発表する科学論文を発表し、一九八四年に開かれた第十五回国際遺伝学会の基調講演——前回の事務局長に与えられる名誉——で彼は、証拠をあげて自分の説を詳細に述べた。[6]

ベリャーエフの考えでは、われわれの祖先は、身体と脳の進化によって新たなストレス下に置かれた。より社会的な動物となり、大きな集団で生活するためには、その時々の社会的交流をうまくこなしていく能力が必要だ。この変化のペースと複雑さをおもにもたらしたのは、ひとつの遺伝子の突然変異による自然選択の影響を示す小さな増大ではない。それも確かに一定の役割を果たした。だが、そうしたプロセスによる変化であれば、最古のヒト科であるアウストラロピテクス属の猿人の登場から現生人類までに要した約四百万年よりも長い時間がかかるはずだと、ベリャーエフは考えた。彼はある記事に次のように書いた。「進化の過程では、そうした複雑な複数の遺伝子によって決定される骨格的また生理的変化——たとえば運動系や空間における身体方向、手の機能、頭蓋骨の構造、咽頭や声帯や舌——が関与するということを考慮に入れれば、このことはきわめて明白である」キングとウィルソンの、ヒトとチンパンジーのゲノムについての議論にも支えられて、不安定化選択が働いて遺伝子発現の劇的な変化が起きているのだとベリャーエフは論じた。基調講演でベリャーエフは、身体と行動両面における多くの変化には、「ゲノムの構造ではなくむしろその制御要素が関わっている」と述べた。それらの制御要素は、おもに遺伝子発現パターンの問題だ。

最初の大きな変化はアウストラロピテクス属による直立歩行だったと、ベリャーエフは考えた。これには、運動系全体の変化——骨格や筋肉の性質——だけでなく、直立してバランスをとるという脳の新たな能力の発生が関わっている。この技能を身につけることが二つの機能につながり、それがさらなる変化にとって重要になる。それはすなわちより広く遠くを見る力と、前脚が自由になることだ。自由になった前脚はやがて手に進化する。こうした変化は生存上有利な点が多くあるため、自然選択は当然これらの変化に有利に働いた。それらの能力の取得が、脳のさらなる成長に大きな影響をおよぼすことになる。当時は百三十万年前[7]に現れたと考えられていたホモ・エレクトゥスは、アウストラロピテクス属よりもかなり大きな脳をもっていた。[8]ホモ・エレクトゥスの脳は、現生人類であるホモ・サピエンスの脳と同じくらい大きくなった。脳の大幅な成長とともに、加えて大きな身体的変化が現れた。たとえば感覚機能に関わる器官や、咽頭のサイズの増大や舌の再配置を含む発話能力に関する器官の変化、同様に前脚の運動技能の向上もあった。これはより高度な認知能力の出現とともに、彼らが道具をつくりはじめるうえできわめて重要だった。脳と身体の相互作用が、ベリャーエフの説明の中心にあった。彼はある記事で次のように書いている。「身体が脳をつくり、それによって個人の心がつくられるなら、脳が身体機能に大きな影響を受けていると言える」そしてそのフィードバックのループが、変化の加速度につながった。ベリャーエフが指摘したかったのは、アウストラロピテクス属が数百万年の年月をかけて進化したいっぽうで、ホモ・サピエンスはわずか二十万年足らずで現生人類に進化したという点だった。ベリャーエフは、多くの人々に、彼が不安定化選択説とそれが人類の進化史にもつ意味を拡大解釈していると思われることはわかっていたが、まだ続きがあった。科学者としての務めから逃れるような人間ではない彼は、これは多少の概念的なリスクをおかす価値のある重要な問題だと考えた。彼の言い分が的を射ているかどうかは、時代が審判を下す。ベリャーエフは次に、先に論じた新たな技能の組み合わせが、社会的に緊密な生活様式を促進したという説を出した。初期の人類は大きな社会的集団を組織し、宗教的な慣習、フランスのラスコーやショーヴェ洞窟の壁画のようなより洗練された美術作品を生み出すこと、衣服をつくること、より精緻な言語をつくることなど、さまざまな儀式を生みだした。ベリャーエフは基調講演で述べた。「人間自身がつくりだした社会的環境が、人間にとって新たな生態学的環境となった」「そうした状況下では、選択は個体に新たな特性を要求する。社会の要件と伝統への服従、すなわち社会的行動における自己制御だ」と、ベリャーエフは述べた。これらの「新たな特性」は、システムを不安定化し、行動の劇的な変化を対象として選択する。それは遺伝子発現をとおして起きるはずだと、ベリャーエフは考えた。ここでベリャーエフは、家畜化のプロセスと自己家畜化への重要なつながりを示した。

新しいストレスにより巧みに対処できたり、カッとなって暴力を振るうことなく平穏・冷静・落ち着いていられたりする人間が、選択的優位性をもつようになった。「疑いようもなく、ヒトにとっての『言葉』とその意味は、ネアンデルタール人にとっての棍棒の一撃よりも強力なストレス要因となった」

と、ベリャーエフは述べた。[9] 共同体のなかでより穏やかで冷静なメンバーが選択され、キツネの従順性を対象とした人為的選択と同様の結果がもたらされた。家畜化されたほかの種と同じく、この選択圧はストレスホルモンのレベルの低下を導き、発達段階における未熟で、気楽で、暴力性の低い段階を引き延ばすものは何でも有利となる。またわれわれは、家畜化されたその他の動物と同様に、通年繁殖可能だ。基本的に、われわれは家畜化された、正確に言えば自己家畜化された霊長類なのだ。われわれはそのプロセスを加速してより短期間で自己家畜化したと、ベリャーエフは論じた。なぜならわれわれは、繁殖相手としてより従順なパートナーを選ぶからだ。[10]

霊長類学者のリチャード・ランガムは先頃、進化の上でヒトのもっとも近縁である霊長類のボノボ(Pan paniscus)に、ちょうどそんな自己家畜化が起きているという可能性について書いた。二〇一二年、ランガムは、教え子の元博士課程学生で動物認知の専門家であるブライアン・ヘアと共著で、「自己家畜化仮説：ボノボの心理学的進化は暴力を排除する選択による」と題する論文を執筆したのだ。[11]

ボノボは平和に、誤解を恐れずに言うと楽しそうに暮らしている。彼らもまた、離合集散社会で生きている。ボノボの社会は完全に母系で、雌どうしが同盟を形成する。ボノボの社会で雄になんらかの地位がある場合、それは雌たちが許したからだ。ボノボたちはいつでも遊んでいる。自発的に食べ物を分け合う。見知らぬ相手ともだ。そしてどこでもセックスしている。しかしセックスの大部分は雄と繁殖力のある雌のあいだの交尾ではない。雌のあいだの同性間セックス、若い個体と年老いた個体の異性間セックスはごく普通で、キスやオーラルセックスや相手の性器をこすること（同性間でも異性間でも）も含まれる。霊長類学者であるフランス・ドゥ・ヴァールは、「ボノボはまるで『カーマ・スートラ』を読んだことがあるようにふるまっている。想像可能なあらゆる体位や変化を実践している」[12] セックスはボノボの集団を結びつける糊のようなものだ。挨拶として、また一種の遊びとして使われることもあれば、生じた争いを解決することもある。この面では、ボノボは近縁種であるチンパンジーとは大きく異なる。

チンパンジーの社会は父系で、雄は雌を暴力的に支配し、つねに階層の上に登るために互いに戦っている。そしてセックスは生殖目的だ。雄はしばしば同盟をつくるが、ボノボの雌の同盟とは異なり、その同盟は別の集団の個体を襲って猛烈に攻撃する。ボノボでは、集団間の相互作用で緊張が高まることはあるが、ほとんどの場合、平和的な集まりになり、ときには交尾がおこなわれることもある。

どのようにして、遺伝的に近縁の二種が、これほど異なる方向に社会的進化をとげたのだろう？　ランガムとヘアは、答えを探し求めた。

進化の樹形図にマッピングしたチンパンジーとボノボの分子遺伝学的比較から、二者はおよそ二百万年前に共通の祖先から分岐しはじめたとわかる。アフリカでコンゴ川が形成されたのとほぼ同時期のことだ。川が彼らの共通の祖先を二つの集団に分断した。ボノボに進化する集団はコンゴ川の南の狭い地域に生息していた。いっぽう今日のチンパンジーに進化する集団は川の北側で、中央アフリカ一帯にわたる広い地域に生息していた。[13] ボノボの系統は、たまたま運よく、食べ物を調達するのにひじょうに有利な結果を手にしたと、ヘアとランガムは論じた。彼らの生息地にはより質の高い植物性食物があった。そのうえ、彼らは食物をめぐる競争もあまりしなくてもよかった。ボノボがいた場所にはゴリラはいなかったので、チンパンジーと違い、近縁でより大型の霊長類と食べ物を争う必要がなかった。

食物をめぐる競争がほとんどないこの比較的豊かな世界では、遊び、協力、他者への寛容が優位性をもった。自由な時間には遊び、遊びの時間が終わると、食物や隠れる場所や新たな友だちや性的なパートナーを得るためには互いに協力するボノボは、攻撃的で非寛容なタイプよりもうまくやれる。この従順性を対象とした選択が、キツネで起きた変化と驚くほどよく似ているボノボの身体的・行動的変化を導いた。

チンパンジーと比較すると、ボノボにはより未熟な骨格的特徴、ストレスホルモンのレベルの低さ、脳内科学物質の変化が見られる。従順なキツネと同様に、ボノボもまた成長期が長く続き、その間は母親に依存し、体色の種類が多く（白い毛房やピンク色の唇）、頭蓋骨が小さい。にもかかわらず、ボノボの脳には共感と関連づけられる領域の灰白質が、チンパンジーの脳よりも多く存在する。[14] ヘアとランガムは続けて、ボノボの雌は長年、もっとも暴力的ではなく、もっとも友好的な異性のパートナーを交尾する相手として選んできたのではないかと論じた。ボノボは、ベリャーエフがヒトの自己家畜化で説明したのと似た――もっとも細部は異なる――プロセスで自己家畜化してきたのかもしれない。[15] 実際にボノボがこのような自己家畜化のプロセスをたどったのかどうかについてのさらなる研究は、ヘアとランガムが指摘したとおり、遺伝子発現と暴力の役割、神経生物学的違いやホルモンの違いが暴力性と従順性にどのような影響を及ぼすのか、そしてなぜ行動と形態がチンパンジーでもボノボでも密接に関連しているのかを調べるものになるだろう。

ベリャーエフは長年、自身の人間における自己家畜化仮説を検証する間接的な実験をおこなう方法を漠然と考えていた。従順性を対象にして霊長類を選択し、家畜化が起きるかどうかを確かめるというものだ。もし倫理的な問題をはらんでいなければ、長い時間と研究費さえ確保できれば、キツネの実験と同じことをチンパンジーでおこなうことは可能だと彼は考えた。チンパンジーとヒトは、キツネとイヌのように、最近の共通の祖先をもつ。彼とリュドミラがキツネでおこなっているような実験で、各世代でもっとも従順なチンパンジーを選んで交尾させたら、彼らはどれくらい家畜化されるだろうか？　優れた遺伝学者・進化生物学者として、ベリャーエフはヒトがチンパンジーから進化したのではない――ただ共通の祖先をもつだけだという――ことはわかっていたので、チンパンジーの家畜化はヒトの進化そのものを再現するものではなく、それによってヒト自身の進化の歴史上で家畜化が果たした役割について、なんらかのヒントがもたらされるかもしれないと思っていた。

　ベリャーエフは、そうした実験は一線を超えているとわかっていたので、その可能性を探る具体的な取り組みはしなかった。ラットの家畜化実験をおこなったパーベル・ボロジンは、ベリャーエフと会ったときに、彼がチンパンジーについての考えに言及したことを憶えている。「ドミトリの言うことに驚くことはめったにないのですが」ボロジンは言う。「これには思わず息をのみました」少し話し合ってから、ボロジンは言った。「ドミトリ、自分が何を始めようとしているのか理解しているのですか？ただでさえ問題は山積みなのに……？　鏡のなかの自分を見つめる必要がほんとうにありますか？」ベリャーエフは一瞬黙りこみ、それから言った。「たしかに、きみの言うとおりだ。だが興味を引かれるだろう？」[16]

　ベリャーエフの息子ニコライは、別の同僚がその考え自体にショックを受けて、「最短でも二百年はかかるから、われわれが結果を知ることはない。もしきみが正しかったとしても、その可能性は低いが、倫理的な問題はどうするんだ？」と言っていたのを憶えている。目先のことしか見ない考えに我慢のならないベリャーエフは、こう応えた。「きみは自分の鼻より先のことは見ていない。もちろんわれわれが結果を知ることはないが、誰かが知る」[17]考えてみれば、ベリャーエフはキツネでもこれほど早く結果を知ることができるとは思っていなかった。チンパンジーに家畜化による変化がどれだけ早く見られるか、それは誰にもわからない。それはベリャーエフが答えを見つけることのできない問いだった。

一九八五年の初冬、ベリャーエフはひどい肺炎で入院した。[18] 彼はＩＣＵに入れられ、当初はあまりにも衰弱していたので、医師は妻の面会さえ許可しなかった。ベリャーエフの末息子で自身も医者になったミーシャだけが、面会を許された。ベリャーエフはきわめてゆっくり回復していった。回復すると、ひとつ願いごとをした。ベリャーエフもソ連国民全員と同じく大祖国戦争と呼ぶ第二次世界大戦でドイツを降伏させた戦勝記念日の四十周年式典に出席できるくらい元気になりたい、というものだった。彼はこれまで一度も式典を欠席したことはなく、一九八五年五月九日の式典もかならず出席するつもりだった。

戦勝記念日、ベリャーエフは力をふり絞って式典が開かれる会場への急な階段を登った。会場に入ると、彼がまだ具合が悪いことを知っていた友人や元戦友らが、起立して拍手で迎えた。[19] 彼にとって心からうれしい瞬間のひとつだった。

病状は続き、ベリャーエフは特別な治療のためにモスクワへ行きを勧められた。そこで末期の肺がんだと診断された。喫煙の習慣がついに悪い結果をもたらした。主治医は彼ができるだけ家族と過ごせるように、一刻も早くノボシビルスクに帰そうとした。ソビエト科学アカデミーの正会員として、ベリャーエフは特別な軍用機を利用する資格があり、主治医はそれを手配した。しかしベリャーエフは、そのフライトにはかなりの費用がかかると知ると、計画を中止した。誰もほかの人より特権を享受するべきではないという信念からだ。普通のフライトで充分だった。

二カ月ほど、ベリャーエフは意思疎通が可能なくらい元気だったが、ベッドに寝たきりで研究を続けられないことにいらだっていた。「仕事があるんだ」彼は医師に言った。「だがみんなが世話を焼いて、あれをしちゃダメ、これをしちゃダメと言い、どっさり薬をのませる」[20]彼は自宅療養を許され、弱った肺機能を補うために酸素のタンクを持ちこんでいた。結束の強い細胞学遺伝学研究所の仲間たちが彼を囲んでいた。

最期の時が迫り、ベリャーエフは報道機関の最後のインタビューを手配した。この機会に未来へのビジョンを語った。「二十年もすれば、人間は地球の中心部まで研究できるようになるだろう……地球に近い宇宙を開発し……無重力空間で長時間働くようになり、地球の周りの軌道上に閉じられたエコシステムをつくりだす……人間活動のあらゆる面が……オートメーションによってよくなる。第五世代、もしかしたら第六世代のコンピュータができる。それらは話をしたり考えたり自己改善したりする機械だ。パソコン、ロボット、通信システムが広く使われるようになる」そこまでは確信していた。「だが人間がどうなっているか、わたしにはわからない」

それを受けて記者は彼に、二十一世紀の人類に願うことは何かと問いかけた。ベリャーエフは答えた。「親切にする。社会的責任を果たし、誰とでも互いに合意するよう努力する。平和に暮らし、〝弟たち〟――地球上のあらゆる生物――のために真摯に全責任を負う。われわれは自然の一部に過ぎないということを忘れてはならない。自然の法を学び、この知識を自分のために利用するとき、人間は自然と調和して生きるべきだ。[21]」それはまさに彼がしてきたことだった。

一九八五年十一月十四日、ドミトリ・ベリャーエフは息を引き取った。友人と家族に囲まれ、自分の一生の仕事が続けられると安心して。彼は研究所の副所長ウラジミール・シュムニーを後任として育て、シュムニーが滞りなく引継ぐはずだと信頼していた。もちろん、リュドミラとキツネ実験チームも家畜化実験を続けることになっており、今後もすばらしい発見がなされるはずだと期待していた。

しかしベリャーエフにはひとつ後悔があった。「彼は本を書きたがっていました」リュドミラは語る。「家畜化についての本を書きたいと切に願っていました……その本は一般向けになるはずでした……彼は普通の人たちに物語を伝えたかった……家畜化の根底にはどんなプロセスがあるのかを」リュドミラは続ける。「なぜわたしたちの周りにこうした動物たちがいるのか、なぜ彼らはこんなふうなのか」ベリャーエフは何度もリュドミラとほかの人たちに本を書きたいという夢を語り、プシンカのある特別なエピソードを耳にしたときには、とりわけ強く主張した。何年も前に、リュドミラはベリャーエフに、出産直後のプシンカが赤ちゃんギツネを一匹、彼女の足元に運んできて見せたときのことを、身振り手振りを交えて語ったことがあった。「わたしがベリャーエフにこの話をすると、彼はとてもびっくりして、当惑して、興味を引かれた様子で、わたしたちは一般向けの本を執筆するべきだと言いだしました……人々に家畜化された動物を理解してもらう……なぜ［どのように］彼らは野生の祖先と異なるふるまいをするのか」ベリャーエフは『人間の新しい友だち』という本のタイトルまで考えていた。

ベリャーエフの葬儀の日はみぞれ交じりの雪と雨が降った。葬儀をふり返って、ベリャーエフの家族、友人、同僚は複雑な気持ちをいだいている。誰もが、葬儀と関連する式典はベリャーエフの名声にふさわしい注目を集めたということでは一致している。大勢の弔問者がやってきた。科学者仲間、細胞学遺伝学研究所およびアカデムゴロドクの多くの研究所の職員たち、家族、友人、大祖国戦争の元戦友たち。そして政界と科学界からも、モスクワから駆けつけた要人もいた。その多くはベリャーエフに会ったこともなかったが、彼らは壇上を占め、VIPが得意とする称賛に満ちた追悼の辞を述べた。

そうした弔辞はたしかに立派なものだったが、演出された官僚的な葬儀には、友人や家族が思いを共有する余地はなかった。彼らには席を立って個人的な弔辞を読む時間が与えられなかった。それは辛いことで、今でも怒りと失望が残っている。「わたしも弔辞を述べたかった」リュドミラは言う。しかし段取り上、不可能だった。彼女たちはただ見守るしかできなかった。しかしすべてが終わったとき、彼らの心を温めるできごとが起きた。ある女性がリュドミラたちの集まっているところに近づいてきた。彼女は涙ながらに語った。「あなたたちは故人をご存じない」リュドミラたちは唖然とした。「わたしたちが彼を知らないって、どういう意味ですか？　二十年以上も知っていたんですよ！」女性はこう答えた。「たしかにあなたがたは二十年間知っていたかもしれませんが、彼がどんな人間だったのかご存じないはずです」そして彼女は、忘れがたい話をした。

女性は銀行の窓口係だった。何年も前に彼女は脚の痛みに苦しんでいた。ある日、銀行にやってきたベリャーエフは彼女と同僚の話を耳にした。女性は脚の痛みを具体的に話し、日々の痛みのせいでいつまで仕事を続けられるかわからないと言った。そうしたら、彼女と家族はどうなるだろう？　同僚は彼女に、すぐに医者に行くべきだと言った。「あちこちの医者に行ったけれど、だめだった。入院させてほしいと言ったのに、ベッドがないと断られて。もうどうしたらいいか、わからない。お手上げよ」話を聞いていたベリャーエフは用事を済ませて銀行をあとにした。二日後、女性の職場に電話がかかってきた。電話の向こうの相手は、病院のベッドに彼女が使える空きが出たから、すぐに入院するようにと言った。女性は驚き、「ありえないわ。何度も、ベッドに空きがないと断られたんです」と言った。そうかもしれませんが、アカデミー会員のベリャーエフから連絡があり、なんとかするように依頼されたのです、と相手は言った。女性は入院し、一連の手術が成功して、痛みが消えて窓口係の仕事に復帰した。ベリャーエフは、彼らしいことに、このことを誰にも言っていなかった。

8 SOS

ドミトリ・ベリャーエフが死去した一九八五年、ソビエト連邦は激動の時代に突入した。トップダウンの共産主義制度が断末魔の苦しみに陥っていた。三月に党書記に就任したミハイル・ゴルバチョフは、グラスノスチ（情報公開）とペレストロイカ（再編）として知られる政策を推進し、ソビエト政府の透明化および経済効率の向上を目指した。ところが、国はショック状態に陥った。ゴルバチョフが策定した経済改革によって石油からパンとバターまでひどい品不足が発生し、厳しい配給制がはじまった。ソビエト国民はもっとも基本的な必需品を手に入れるために長い列に並ばなくてはならなかった。

しばらくのあいだ、細胞学遺伝学研究所の研究は経済混乱から守られており、リュドミラはキツネ飼育場で従来どおりの運営を継続できた。新所長のウラジミール・シュムニーはキツネ実験の重要性を評価して、できるだけ予算を割いていた。リュドミラは実験を運営する全責任を引き継いだ。ベリャーエフがいてくれたらと、毎日オフィスに出勤してキツネのデータを精査したり、新しい世代の子ギツネたちをチェックしたりするたびに彼のことを思い出していた。ベリャーエフは子ギツネに会いたかっただろう。飼育場のチームと力を合わせて彼の科学的探究の精神を活かしつづけようと努めるリュドミラは、いくつかの新しい研究を立ち上げた。

一九八〇年代には、エリートギツネの特徴のほとんど、またはすべてを有する子ギツネの出生数がかつてない速度で増えつづけていた。八〇年代半ばには、飼育場にいる七百匹のうち七〇から八〇パーセントがエリートのカテゴリーに入った。その見た目と行動にさらなる変化が現れた。巻き尾をもつキツネが増えたのに加えて、尾がふさふさになった。また多くのキツネが奇妙な発声をしはじめ、人が近づいてくると「ハーウ、ハーーウ、ハウ、ハウ、ハウ」といった高音を出すようになった。リュドミラは、まるで笑っているように聞こえると思い、「ハ、ハ」発声と呼んでいた。リュドミラはまた、キツネの骨格も変化していると確信した。近年の世代のキツネたちの多くの鼻づらがかすかに短く、より丸くなり、頭部がわずかに小さくなっているのは間違いない。こうした骨格の変化の重要性から、リュドミラはチームの協力を得て、エリートギツネと対照群のキツネの鼻づらと頭部を測定して比較することを決めた。

解剖学研究の最新のテクニックについて文献にあたったリュドミラは、キツネの頭部のX線写真を撮影して、画像を使って測定するのが理想的だと知った。しかしX線写真の機械を使う手立てがなく、これまでのところ実験を運営する予算は削減をまぬかれているが、そんな高価な機器に資源を割くことはできなかった。そこで彼女とチームは昔ながらのやり方、つまりキツネを実測しなければならなかった。これは困難で時間のかかる作業だった。職員たちの手伝いを頼み、キツネを押さえてもらっているあいだにリュドミラとチームのメンバーがその頭蓋骨の高さと幅、鼻づらの幅と形を測定した。大変な仕事をした甲斐があった。従順なキツネの頭蓋骨は、対照群のキツネの頭蓋骨よりもかなり小さく、鼻づらの差異はより顕著で、従順なキツネの鼻づらは対照群のキツネの鼻づらよりも実際にかなり丸く、短くなっていた。オオカミからイヌへの進化にも同じ変化が関わっている。成体のイヌの頭蓋骨は成体のオオカミよりも小さく、その鼻づらは幅広く、丸くなっている。[1] こうした骨格の変化もまた、イヌが、そしていまは従順なキツネも、成体になっても子供の特徴を保持しているというひとつの例だ。リュドミラはすべてのデータをまとめて、明らかな違いを確認し、心のなかで思った――ドミトリもきっとよろこんでくれただろう。これらの変化も家畜化の結果に加わった。従順なキツネには、家畜化された種に見られる変化の多くが現れている。

リュドミラが立ち上げたもうひとつの研究は、従順なキツネのストレスホルモンのレベルをもっとじっくり調べることだった。以前したようにキツネのホルモンのレベルを測定するだけではなく、今回は同僚のイリーナ・プリュンスニアとイリーナ・オスキナと共同で、レベルを人為的に操作して、結果として行動が変化するかどうかを観察する。対照群のキツネのくらべて従順なキツネは、生後四十五日を過ぎてからのストレスホルモンのレベルがかなり低いということは、すでにわかっていた。野生のキツネでは、生後四十五日でホルモンのレベルが急上昇する。また、攻撃的なキツネでは、対照群のキツネにくらべてストレスホルモンのレベルが大幅に高くなっているのもわかっていた。今回は、二つの系統の行動の違いが、おもにこれらのストレスホルモンのレベルの差に起因するという決定的な証拠を得るために、リュドミラは攻撃的なキツネのストレスホルモンのレベルを下げたとき、彼らが従順にふるまうかどうかを調べる実験をおこなうことにした。今では、攻撃的なキツネに、ストレスホルモンの生成を抑制する化学物質であるクロディタンのカプセルを投与することによって、ホルモンの急上昇を人為的に止めることが可能だった。[2] リュドミラは攻撃的な父母から生まれた子ギツネを多数選び、生後四十五日の直前からイリーナが子ギツネたちにカプセルを投与した。攻撃的な父母から生まれたほかの子ギツネたちが、対照群となり、彼らは食用油を詰めたカプセルを投与された。目を瞠るような結果が出た。クロディタンを投与された子ギツネはストレスホルモンの急上昇は見られず、従順な子ギツネのようにふるまった。一方で食用油を投与された子ギツネは、普通の攻撃的な成体に成長した。[3]

リュドミラはセロトニンのレベルでも同様の実験をしてみることにした。セロトニンは従順なキツネにおいては大幅に高レベルになっている。[4] 今度は、生後四十五日から、攻撃的な父母から生まれた子ギツネたちのあるグループでは体内にあるセロトニン量を増やし、攻撃的な父母から生まれた対照群の子ギツネたちには、生理食塩水を注射する。ふたたび、結果はきわめて明白だった。対照群の子ギツネたちは攻撃的な成体に育ち、セロトニンを増やされた子ギツネたちはそうならなかった。彼らは従順なキツネのようにふるまった。[5]

ベリャーエフがリュドミラをオフィスに呼び出して、新たなすばらしい考えを語った一九六九年五月のあの日からずっと、ホルモンのレベルの変化は、彼の不安定化選択説の中核だった。ストレスホルモンやセロトニンを操作するこの新たな研究の結果は、見事にそれを裏付けるものだった。

一九八〇年代後半には、キツネの家畜化実験は三十年に近づき、動物行動学についておこなわれた継続中の実験のなかで、最長のひとつに数えられるようになった。それが突然、悲劇的な休止を迎えることになると思われた。八〇年代をとおしてソビエト経済はますます混乱の度合いを深め、ソ連は崩壊しはじめた。キツネ飼育場の見通しはひどく切迫し、リュドミラと彼女のチームはキツネを生かすために必死にならざるをえなかった。

一九八七年、バルト海沿岸のラトビアとエストニア共和国でソビエトによる支配に反対するデモがおこなわれ、全国に広まった。一九八九年には、民主化を求めるポーランドの「連帯」運動はソ連に自由選挙を認めさせ、同年十一月九日には東ベルリンで民主化を要求する大規模なデモ隊が行進し、ベルリンの壁の警備員が後退するなか、盛り上がった人々の集団が壁の上に登って歓声をあげた。一九九〇年十月三日、東西ドイツは公式に合併した。一九九一年十二月はじめには、最高会議はソビエト連邦を公式に設立した条約を破棄し、十二月二十一日、共和国十五カ国のうち十四カ国が連邦を抜け、十一カ国が共同で独立国家共同体（CIS）を創設した。十二月二十五日、ミハイル・ゴルバチョフは大統領を辞任し、最後にもう一度、ソビエト国旗がクレムリン上空を飛んだ。

ソ連の生活のあらゆる面を監督してきたトップダウンの指揮系統システムは大混乱に陥り、あらゆる種類の政府機関や研究所への予算はストップするか、大幅に減らされた。アカデムゴロドクのすべての研究所の予算が削減された。ほとんどの研究所は、ある程度の機器や資材のストックがあり、一部の研究を当面継続することができたが、キツネ飼育場はすぐに危機に直面した。リュドミラは職員に給金を支払う予算もなく、キツネの餌を飼うお金もほとんどなかった。この時点で、キツネの飼育頭数は約七百匹を維持しており、餌代だけでもかなりの出費だった。

彼女はこれまでキツネたちに愛情を注ぎ、熱心に研究を手伝ってくれていた職員らに対して、給料を支払うことができなくなったと伝えた。それでも一部は残ってくれた。リュドミラと、大切な友となったキツネたちを放っておけなかったからだ。リュドミラはほかの仕事を探さなければならない人たちに対して、予算を集められたらまた戻ってきてほしいと伝えた。リュドミラは回想する。「ふたたびなんとかやっていけるようになったら、戻ってきてほしい。あなたたちが必要なの、と言いました」その時まで、キツネの世話と、生かしつづけるための戦いが彼女の使命となった。

細胞学遺伝学研究所の所長はできるだけお金を工面してリュドミラに送ってくれた。キツネの実験は研究所の最大の成果だった。リュドミラが言うとおり、キツネの実験は「研究所の〝名刺〟代わりになり」、研究所でおこなわれている研究のすばらしさを世界の遺伝学コミュニティに広めていた。リュドミラは科学アカデミーのシベリア支部にも資金を嘆願し、アカデミーは実験の重要性を認めていくらかの資金を提供してくれた。新たな資金によって、リュドミラはキツネたちの餌を調達することはできたが、研究は中断しなければならなかった。そして一九九八年、八月には、ロシア経済の底が抜けた。深刻な経済危機によって世界市場でルーブルの切り下げがおこなわれ、ロシア国債がデフォルトして[6]、深刻な通貨不足を招いた。あらゆる種類の国営機関の資金は完全に枯渇し、リュドミラのところにキツネ飼育場を運営するお金はまったく入ってこなくなった。彼女と飼育場に残っていたキツネを愛する職員たちは、キツネたちを生かしておけなくなるかもしれないという恐ろしい見通しに直面した。

　飼育場にはある程度の餌のストックはあり、リュドミラがこれまでまさかに備えて助成金から貯めていたお金が少しあったので、餌をいくらかと、キツネ版の肝炎や寄生虫などの蔓延を防ぐために欠かせない医薬品を購入することはできた。それも尽きたとき、リュドミラと研究所の同僚数人は自分たちの貯金からお金を出し合って、できるだけの餌を買い入れた。それでも、キツネたちに充分な餌を与えるには足りず、彼らの体重が落ちはじめた。リュドミラは、キツネたち――彼女のキツネたちをなんとしても飢え死にさせるわけにはいかないと、飼育場の周囲の道端に立ち、通る車をとめて、人々にお金かなんでもいいから食べ物を寄付してくれるよう頼んだ。

　リュドミラは、キツネたちと飼育場の窮状について訴えようと決心した。彼女は実験に関するすべてを記事にして、科学コミュニティと広く一般の人々の両方に対してSOSを発信するために書きはじめた。ひょっとしたら、誰かが助けてくれるかもしれない。「わたしたちの一生をかけたユニークな実験は四十年を迎えようとしています」リュドミラは記した。「ドミトリ・ベリャーエフが生きていたら、この進歩をよろこんでくれたでしょう……わたしたちの目の前で、〝野獣〟が〝美女〟に変わったのです」[7]彼女はキツネたちに次々と現れた変化をすべて描写し、キツネたちがどれほどかわいらしく忠実な動物になったかを説明した。「わたしは家庭内で何匹かの子ギツネを育てたことがあります。キツネたちは気立てのよい動物であることを示してくれました……イヌと同じくらい忠実で、猫と同じくらい独立心旺盛で、人と一対一の深い絆、相互の絆を結ぶことができます」あなたもこういう動物をご存じでしょう、とリュドミラは訴えた。彼らはあなたの家にいるペットとまったく同じです。あなたとあなたの子供たちが愛しているペットと同じなのです。彼女はまた、継続中のさまざまな調査を紹介した。キツネのゲノム分析はまだ終わっていない。なぜ一部のキツネが年に一度よりも頻回に繁殖するのか、さらに深い理解が必要だ。また従順なキツネたちの新たな発声が現れはじめたところで、その原因を知りたい。この特別な動物たちの認知についての研究ははじまったばかりだ。そしてより広い視点で見れば、彼女たちの実験は四十年を迎えるが、進化の目でみればほんの一瞬にすぎない。もっと時間を与えられれば、従順なキツネの家畜化をどこまで進めることができるだろうか？

　リュドミラは最後に、現状がどれほどひどいかを率直に述べたが、支援を求めることはしなかった。「四十年間ではじめて、家畜化実験の将来が見えなくなっています」と、彼女は書いた。切迫した窮状を明らかにしてから、いつかエリート子ギツネたちをペットとして里親に譲渡したいという希望で締めくくった。

　リュドミラはこの記事を、キツネたちがどれほどイヌに似てかわいらしいかを示す写真を添えて、アメリカの大手一般科学誌である『アメリカン・サイエンティスト』に寄稿した。写真の一枚は、腰をおろしたベリャーエフが子ギツネのグループに囲まれて、子ギツネたちが彼の足元で遊んだり彼の手をなめたりしているところを写していた。彼女は編集部がキツネを生かしつづけることの重要性を理解して、すぐに掲載してくれることを祈った。

彼女のあらゆる努力にもかかわらず、冬が近づき、キツネたちは死にはじめた。一部は病死だが、ほとんどは餓死だった。彼女の研究チームと残ってくれた職員たちはケージを清潔にして、できる限りの世話をしたが、キツネたちが一匹また一匹と減って身を切られるように感じていた。恐ろしいことにリュドミラは、キツネたちの全滅を防ぐ唯一の方法は、一部を犠牲にしてその毛皮を得ることだという耐え難い決断を迫られた。彼女は犠牲となるキツネたちを、生きたまま連れていかせるのではなく、せめて飼育場で安楽死させるようにと指示した。ほとんどを攻撃的なキツネと対照群のキツネから選び、健康状態が悪く、死にそうな個体を選んだ。一部は従順なキツネからも選ばなくてはならなかった。リュドミラはこれまでしたことのなかで、この選択ほど辛いことはなかった。今でもこのことについて話をするのは難しい。世話係と研究者の一部はこのような事態に深く傷つき、カウンセリングを必要とした。職員のひとりは完全に精神を病んで、精神病院で治療を受けなければならなかった。

一九九九年はじめには、従順な雌ギツネ百匹と従順な雄ギツネ三十四、攻撃的なキツネと対照群のキツネも数匹ずつまだ生きていた。リュドミラは唯一の希望は『アメリカン・サイエンティスト』に記事が掲載されて、人々が支援に動いてくれることだと思いつめた。一日、また一日となんの知らせもなく過ぎる日々は拷問のようだったが、ある日、雑誌の編集者から待ちわびた手紙が届いた。リュドミラはこわごわと手紙を開封した。記事がアクセプトされたという、よい知らせだった。

記事は「初期のイヌ科の家畜化：家畜ギツネの実験」というタイトルで、一九九九年三／四月号に掲載され、リュドミラが送った写真のうち数枚が添えられていた。子ギツネに囲まれたベリャーエフの写真と、研究者が抱いているキツネが彼女の顔をなめている写真もあった。長年『ニューヨーク・タイムズ』に寄稿している科学ライターのマルコム・ブラウンが同紙にキツネたちについての記事を書き、彼女の訴えを紹介してくれたと聞いて、リュドミラは希望が沸き上がるのを感じた。でもすぐに心配が押し寄せてきた。自分はただ夢を見ているのかもしれない、溺れる者がわらをつかんでいるだけなのかもしれないと。人々は動いてくれるだろうか？ 支援してくれる人はいるだろうか？ 「わたしは人々がどう感じるかについて、間違っていたのだろうか？」と彼女は心配した。

その心配は杞憂に終わった。心温まる反応が返ってきた。世界中の動物好きの人々が彼女の訴えを聞き、すぐに手紙が届きはじめた。「記事の最後の段落を読んで心配になりました」ある男性はこう書いてきた。「アメリカ市民があなたのセンターに直接寄付することは可能ですか？ たくさんは出せませんが、支援の意を示すためにそれなりの金額を送りたいと思います」[8] また、海底油田の掘削をしている男性も、手紙をくれた。「たいしたことはできませんが、少しは寄付できます……寄付の方法を教えてください」[9] なかには数ドルを同封してくれた人も、千ドル、二千ドル送ってくれた人もいた。リュドミラはキツネたちの餌と必要な医薬品を購入し、世話係を全員呼び戻すことが可能になった。キツネたち、そして実験が救われたのだ。

科学コミュニティからの反応もあった。キツネたちの話は世界中の科学会議で話題となり、論文発表の合間のコーヒーブレークで盛んに話し合われた。遺伝学者と動物行動学者らは、この類まれな家畜化されたキツネたちの系統は、家畜化の遺伝学だけでなく、遺伝子と行動を結ぶリンクについても重要な手がかりをもたらす可能性があると気づいた。研究の可能性がいくつも存在した。細胞学遺伝学研究所にはその技術も資金もないが、キツネのゲノム配列を決定することもできるだろう。動物の認知と動物の心の性質に関する研究が新たに活気づいており、このキツネたちの認知能力はすばらしい検査対象となる。リュドミラのもとに海外の科学者から問い合わせが届きはじめ、彼女は彼らをよろこんで迎え入れた。

リュドミラにキツネについての共同研究の申し出をしてきた多くの科学者のなかでも早かったひとりに、ロシア生まれの遺伝学者アンナ・クケコワがいた。彼女はサンクト・ペテルブルク大学で博士号をとったあと、コーネル大学にポジションを得て、イヌの分子遺伝学を研究していた。アンナが最初にリュドミラに連絡をとったのは一九九〇年代、彼女がまだ学部生でキツネ研究チームとなんらかの共同研究を希望していたが、当時研究所は最初の経済危機に苦しんでいる最中で、彼女を迎えることができなかった。

アンナの関心の対象は昔からイヌとその近縁種だった。彼女は十二歳のときにレニングラード動物園で、若い動物学者クラブに参加し、どの動物について学びたいのか訊かれて、オーストラリアのディンゴを選んだ。野生のイヌであるディンゴがなぜほかのイヌとは異なる行動をするようになったのか、知りたかったからだ。イヌへの情熱のおかげで彼女は大学院生時代を乗り切った。バクテリアやウイルスの研究に追われていても、週に何日かはかならずイヌのトレーナーとしての仕事をこなした。

博士号を取得すると、アンナはイヌの遺伝学分野で仕事を探した。当時、イヌのゲノムの研究をしていた大学はほんのひと握りしかなく、アンナはそのすべてに手紙を書いた。コーネル大学のグレッグ・アクランドの研究室が大きな助成金を受けたばかりで、彼女に仕事の申し出をしてくれた。

分子遺伝学に飛びこむには幸先のよい時期だった。その前の十年間は新たに遺伝子分析の強力な道具が登場して、重要な発見が相次ぎ、遺伝学にとって分水界となった。一九八三年、人間の病気を誘発する遺伝子の位置のマッピングがはじめて成功した。ハンチントン病に関連する遺伝子で、ヒトの四番染色体上にある。同年、キャリー・マリスという化学者がDNAの欠片を急速増幅する技術を発明した。この技術はポリメラーゼ連鎖反応（PCR）と呼ばれ、十年後、マリスは遺伝子マッピングの速度と正確性を大きく向上させた功績によって、ノーベル賞を受賞した。一九九〇年代には、囊胞性線維症に関わる遺伝子の重要な変異が特定され、分子遺伝学は、腫瘍抑制因子がどのように変異して乳癌が生じるのかを懸命に突きとめようとしていた。一九九〇年はまた、ヒトゲノム計画がはじまった年でもあった。

自由生活性種のなかで最初に全ゲノム配列が解析されたのは、インフルエンザ菌だ。その名前にもかかわらず、インフルエンザの病原体ではないが、とくに幼い子供ではひどい風邪症状を引き起こすことはある。そのゲノム暗号はおよそ百八十万塩基で書かれていた。したがって、より複雑な生物の遺伝コードはとてつもなく長くなると予想された。翌年、菌類として最初となる、パン酵母のゲノム配列が解析された。パン種を膨らませる働きがあるので、こう呼ばれている。そして一九九六年、多くの人々のよろこびと、科学が超えてはいけない一線を超えたと考える一部の人々の恐怖のなかで、スコットランドのロスリン研究所に所属する発達生物学者のイアン・ウィルマットと彼のチームはあるヒツジから乳腺細胞を取り出し、別のヒツジの核を除去した卵子にそれを挿入して、第三者のヒツジの子宮に着床させた。一九九六年七月五日、ヒツジは最初のクローンヒツジである、6LL3を出産した。まもなく、出産を手伝ったドリー・パートンファンの提案で、生まれたヒツジはドリーと名づけられた。プリンストン大学の生物学者リー・シルヴァーが、よろこびと恐怖の両方を総括している。「信じられないことだ。基本的に制限が存在しないということを意味する。サイエンス・フィクションのすべてが本当になる。そんなことは不可能だと言われていたのに、それが実現してしまった。西暦二〇〇〇年の前に」[10]

動物として最初の、遺伝医学に大きく貢献した線虫C・エレガンスの全ゲノム配列は、一九九八年に発表され、その暗号は一億塩基で書かれていた。一九九九年、ワトソン、クリック、ロザリンド・フランクリンがDNA構造の謎を解明して五十年足らずで、ヒトゲノム計画が始まって九年で、イギリス、アメリカ、日本、ドイツ、フランス、中国の科学者らがわれわれの二十三の染色体の最初のひとつの全配列を公表した。二十二番染色体が最初に解析されたのは、それが比較的小さく、多くの病気と関わっていたからだ。二年後、世界の二大科学誌『サイエンス』と『ネイチャー』で、ヒトゲノムの最初の概要が発表された。論文のひとつはヒトゲノム計画チーム、もうひとつはセレーラ・ジェノミックス社のクレイグ・ヴェンターのチームによるものだった。国立衛生研究所のフランシス・コリンズは、これが最終的には「個人の予防医療」につながると予想した。さらに二年後、ヒトゲノム計画の解読完了が宣言され、われわれの遺伝子の九十九パーセントにあたるおよそ三十二億対の塩基ひとつひとつの配列が解析された。多くの人々が、これは月面着陸に比肩する人類による探究の勝利だと考えた。[11]

二〇〇一年の晩秋、ヒトゲノムの最初の概要が公表される直前、アンナはリュドミラの書いた『アメリカン・サイエンス』の記事とキツネたちの窮状について知った。彼女は、長い期間のあいだに実験について書かれたあらゆる記事を検索し、自分が最後に実験について聞いていた以降におこなわれた研究についても詳しく調べた。彼女はキツネの遺伝子配列研究がまだおこなわれていないと知り、自分がイヌのゲノムの解析に使用しているツールを変更すればキツネのゲノム解析に使えるだろうかと考えた。彼女がエリートギツネのゲノム解析に着手すれば、いつか——早ければ二、三年後に——それをイヌのゲノムと比較して重要な情報が得られるかもしれない。従順なキツネのゲノムについてほとんど何もわかっていないことを考慮すれば、彼女が取り上げることができる問いは無限だった。

ひとつの遺伝子の配列を解析すること、ましてエリートギツネの全ゲノムのかなりの部分を解析することは、自分にも、ほかの誰にも、当面は不可能だろうとリュドミラは思っていた。それどころか、イヌのゲノムとの比較までできるなんて、まるで夢のようだった。イヌのゲノムは新しい研究分野で、当時その訓練を受けた研究者はごく少数しかいなかった。しかし幸運なことにアンナはそのひとりで、彼女はリュドミラとキツネたちを発見の新世界に導きたいと思っていた。

アンナは、二〇〇二年の正月休みはロシアに帰って母親と祖母と共に過ごす予定だったので、リュドミラに共同研究の申し出をしてみるつもりだと、博士課程修了後の指導教官であるグレッグ・エイクランドに相談した。グレッグはすばらしいアイディアだと思った。そこでモスクワに到着してまもなくアンナがリュドミラに電話をかけると、彼女はそのアイディアをとても気に入った様子だった。アンナの考えでは、リュドミラが同意してくれたら、いったんコーネル大学に戻ったあとでグレッグと共に共同研究の詳細を詰めることになるだろうと思っていた。しかしまず何をやればいいのかとリュドミラに質問されて、アンナはキツネたちの血液サンプルを採取することだと答えた。するとリュドミラは、いますぐノボシビルスクに来るようにと提案した。チャンスを見逃さないリュドミラだったからこそ、四十五年間キツネの実験を見事に運営してきたのだ。

アンナは絶句した。始める？　今？　話し合いに数カ月間かかると思っていたのに。しかしアンナも、チャンスのつかみ方はわかっていた。しかしひとつ問題があった。血液サンプルを入れる三百本のバイアルが必要なのに、そうした器具はロシアでは貴重で高価だったので、細胞学遺伝学研究所にもないというのだ。アンナはリュドミラに、なんとかすると言った。サンクト・ペテルブルク大学にいた頃に働いていた研究所の元同僚に連絡して、二日間でバイアルを手に入れた。彼女は一月四日にノボシビルスクに飛んだ。

そこからはものすごいスピードでものごとが動いた。アンナが研究所のリュドミラのオフィスに到着するやいなや、リュドミラは「時間がないわ。飼育場に行きましょう」と言った。エリートギツネたちに会ったときの驚きを、アンナは鮮やかに記憶している。「従順なキツネとふれあったときには、驚いたなんて言葉ではまったく足りませんでした」彼女は回想する。「あのキツネたちの人間と交流したいという強い欲求には度肝を抜かれました」しかし彼女は感情を抑えた。すぐに仕事に取りかかり、血液サンプル採取の準備をした。理想的には、分子遺伝学の分析のために三世代から血液サンプルを手に入れるべきだった。リュドミラはキツネ・チームの二人に指示して膨大な家系データベースを調べさせて、血液を採るべきキツネたちを選んだ。キツネ飼育場のチームが効率よく仕事をしたおかげで、あくる朝アンナが午前九時に飼育場に行くと、キツネたちのリストがすでにできあがっていた。

リュドミラはサンプル採取が最高速度でおこなわれるように手配を済ませていた。すべての作業をするための時間は二日間だけで、冬の寒さのなかでは暖房のない小屋で作業するのは不可能だった。キツネを室内に連れてくる必要がある。リュドミラはほとんどが女性の世話係十人を並ばせて、キツネたちの囲いから飼育場内のある家に連れて行き、そこで血液を採った。作業のペースは厳しかった。ある職員が滑って腕の骨を折ってしまったが、彼はほかの人たちに作業を続けてくれ、自分のことは気にするなと言った。卓越したチームワークだった。アンナは職員たちのやる気に感動した。「あの女性たちに会えたこと」「動物たちへの深い献身」を目の当たりにできたことは、「大きな経験でした」と彼女は話している、「子供の頃に出会った、レニングラード動物園の飼育員のことを思い出しました」

夕方までに、およそ百匹のサンプルを集めた。翌日も同じことをした。「リュドミラは飼育場の世話係たちにケーキを差し入れました」アンナは言う。「彼女たちがしてくれた時間外労働に対する、せめてものお礼だったのです」

アンナは海外からアメリカに血液サンプルを持ちこむ許可を得ていなかった。今回の旅行で手に入るとは思っていなかったからだ。幸い、血液そのものを持ち帰る必要はなく、遺伝物質だけでよかった。そこでアンナはコーネルに戻る前にサンクト・ペテルブルクに立ち寄り、大学の友人に依頼して、血液サンプルからDNAを抽出してもらった。アンナのフライトまでわずか五日間しかなかった。友人たちの尽力で、作業は三日間で終わった。このDNAの解析がどれほど重要なことか、みんなはわかっていたのだ。

キツネの家畜化に関連する遺伝子を分離する研究が始まった。

9　キツネのように賢く

家畜化されたキツネについての共同研究の機会は、アンナ・クケコワのような遺伝学者だけでなく、動物行動の専門家にも興味を引かれるものだった。一九七一年エディンバラ開催の動物行動学会を計画していたオーブリー・マニングが、西側の科学誌に掲載された実験にかんする初期の記事を読んで心引かれたように、一九九〇年代には、新世代の動物行動学研究者らが、キツネについての発見は自分たちの分野に大きな価値があり、新しくおこなわれるキツネの研究はとても重要だと気がついた。動物の認知能力や、動物に可能な種類の学習に焦点をあてた新しい研究が爆発的に増えていた。家畜化されたキツネたちは、ひとつの種で家畜化された動物と野生の動物の違いを研究できるというまたとないチャンスをもたらすものだ。

リュドミラとベリャーエフは、キツネの家畜化につながる遺伝子の変異によって、彼らの脳はヒトと親しくなるために最適化されているに違いないと考えていた。プシンカは学習によってリュドミラに特別な忠誠を示したし、初歩的な推理能力があったとリュドミラは考えていた。それにプシンカがカラスを捕まえるために狡猾に死んだふりをしたことは、戦略的な計画を示しているようにも見える。しかしリュドミラは動物の認知について研究する専門知識もなく、キツネの思考力をテストする研究はこれまでしたことがなかった。

動物の心のなかに入るのは難しい。飼いイヌが骨の形のイヌ用ガムを慎重にくわえて、部屋の隅やソファーの裏に行き、まるでそれを埋めるかのように前足で床をかいているところを見たことがある飼い主なら誰でも、うちのイヌの脳内ではいったい何が起きているのだろうと思ったことがあるだろう。小型のテリアやビーグルは演技しているのだろうか？　人間の子供がするおままごとや消防車ごっこのようなことをしているのだろうか？　それとも賢明なことに、食べ物が乏しい時のためにおやつをしまっておくのはいい考えだと学んだのだろうか？　ネコたちがドアの陰に隠れて互いに飛びかかったりするとき、彼らは頭のなかでうまくいった狩りの場面を再現しているのだろうか？　ネコが部屋のなかを疾走するとき、恐ろしい捕食者から逃げている自分を思い浮かべているのだろうか？　それともわれわれのペットたちは、チャールズ・ダーウィンが、十三回も回ってからようやく横になって眠ったイヌを見て推測したように、単純に本能に従って行動しているだけなのだろうか？

動物の精神生活はいったいどんな性質のものなのだろう？　じつはよくわかっていない。動物の行動についてもっとも答えにくい問いは、動物の心と情動に関する問いだった。ダーウィンは、動物の認知と情動は人間と連続体であると推測した。しかし二十世紀になって動物の行動がいかに遺伝子にプログラムされているかについて多くの発見があり――コンラート・ローレンツのハイイロガンが刷り込みの時期にはゴムまりを母親だと思いこむという実験――研究者らは動物の擬人化や動物に人間の考えを投影することに対して、きわめて慎重になっていた。ジェーン・グドールのチンパンジーについての主張が、動物の精神生活についての干渉をめぐる激しい論争を引き起こした結果、現在は立証のハードルがひじょうに高くなってしまった。しかしグドール、そしてその他の動物行動学者らの観察はまた、動物の心の性質を探る新たな方法を見つけることへの関心を呼び起こした。

多くの動物行動学者がこの研究に着手している。ベルント・ハインリヒとギャビン・ハントは、リュドミラの指導教官であったレオニード・クルシンスキーとノーベル賞受賞者のニコラース・ティンバーゲンの伝統にのっとって、自然のなかの動物を研究した。興味深い研究がいくつもおこなわれ、霊長類以外の動物も道具を使うことが判明した。ニューカレドニアに棲むカレドニアカラスは鳥世界の道具作り名人だ。[1] このカラスは小枝と葉っぱから作った道具を使って樹皮の下にひそむ虫を引き出す。道具を樹皮の割れ目に挿しこみ、狙いの虫が防衛のために道具をつかむと、カラスは道具を引き出してその場で虫を食べるか、腹をすかせたヒナにやる。カラスは生後一年目か二年目に道具作りを学ぶ。熟練の道具作りの鳥が作品に小さな修正を加えるのを観察して、弟子として自分も道具作りの名人になる。最初は単純な道具から始める。小枝の葉や脇枝を取り除いて表面をつるりとさせ、挿入しやすくしたものだ。やがて先端が鉤型になっている小枝のような、より複雑な道具の作り方を理解する。これを作るためにカラスは二本の細い枝に分かれている枝を選び、片方の細枝を噛みちぎると、残った部分の根本が小さな「v」の形を作る。鶏の叉骨を割ると片方がもう一方よりもずっと短くなるのと同じだ。カラスはvの部分を嘴で少しずつ削って鋭くする。

これらのカラスはパンダヌス（タコノキ）の葉の、とげのある縁を利用して道具をつくる。この葉を、矢じりのように先端に向かって細くなるように加工し、これを使って餌を獲る。研究室でこのカラスを観察したところ、ダンボールやアルミニウムのような新しい素材からも道具を作ることがわかった。そこで研究者はニューカレドニアの生息地の各所に「カラスカメラ」を設置して、自然のなかでも創意を発揮するかどうか調べた。カメラにはカラスが抜けた羽根や乾いた草も道具にする様子が写っていた。画像から、カラスが道具を使って、とくに水分が多くタンパク質の豊富なごちそうであるトカゲも捕まえていることがわかった。驚くべきことに、カラスはもっともよくできたお気に入りの道具をとっておいて、再利用していた。[2]

なぜカレドニアカラスはこんなすばらしい道具作りの技術をもち、ほかの種はもたないのかという疑問については今後大いに議論されることだろう。研究者らは答えを求めて、カレドニアカラスにはあるのに道具を作らないほかの鳥にはない要素を探した。現在検証中の仮説は、さまざまな状況の組み合わせがこの能力の発達を促進したというものだ。食べ物をめぐるほかの鳥との競争があまりなく、捕食者の割合も低いので、カラスには道具を試してみる時間が多くあった。そしてカレドニアカラスの比較的長い成長期によって、若鳥たちには親やその他の成体から技術を学ぶ機会が与えられた。

動物の行動それ自体の研究に加えて、動物の記憶力についても多くの研究がなされ、いくつかの驚くべき発見があった。動物の世界では、記憶力でワタリガラスやカラスを含むカラス科の一員であるカケスに並ぶ鳥はほとんどいない。冬場に備えて食物を貯蔵しないカケスの一部の種を除いて、その他のカケスは九カ月のあいだに貯蔵した六千から一万一千個のドングリの貯蔵場所を憶えている。この能力は、脳のひじょうに大きな海馬領域と関連している。[3] アメリカカケスは賢い鳥のなかでもワンランク上だ。彼らは膨大な数の食物の貯蔵場所を憶えているだけでなく、自分がその食物を採ったときに誰が見ていたかを記憶している。そして見られていたら、後で埋めた食物を掘り起こして別の場所に移す。食物が盗まれるのを防ぐためだと考えられている。[4]

一部の種は数を理解する基本的能力を有する。チンパンジーは、ある皿には別の皿よりもおいしいバナナがたくさん載っていると判断できる。いつも同じ数のおやつをもらうことに慣れているイヌは、数が少ないと、明らかにいつもの数をもらえることを期待する。またイヌは、別のイヌが多くもらって配給が不公平だと、見るからに動揺する。サバクアリは、帰巣する手掛かりのほとんどない殺風景な環境に棲んでいるが、採餌に出かけるときには巣から何歩歩いたかを正確に測っている。動物行動学者らは、採餌に出かけたアリのサンプルを集めて、その脚にスティルトをはかせた。それでアリの脚は五〇パーセント長くなった。彼らを採餌場所に戻し、帰巣する様子を観察すると、アリたちは本来よりも五〇パーセント遠くまで歩き、そこで止まって巣を探しはじめた。彼らは、歩幅が余分になった分で説明できる分だけ行き過ぎた。彼らが、何歩歩いたのか記憶していたと説明するのがもっとも理にかなっている。

これらの盛んな研究と同時に、推論能力についての研究も大幅に進展した。多数の研究によって、ヒト以外の動物も推論能力を発揮するということがあらためて論じられた。もっとも強い主張はもちろん、霊長類からやってきた。霊長類が人に似た推論能力をもつという考えは二十世紀はじめにさかのぼる。ドイツ人研究者ヴォルフガング・ケーラーは、一九一〇年代にカナリア諸島でプロイセン科学アカデミーの霊長類研究ステーション長を務め、霊長類がさまざまな問題を解くにあたっていかに創造的かについて手紙に書いた。チンパンジーは高い場所にあるバナナを取るため、木箱を重ねて置き、上に乗って取った。チンパンジーのそうした妙技を記述して一九一七年に出版された著書『類人猿の知恵試験』は、大きな影響力を及ぼした。ケーラーはそのなかで、類人猿は明らかに問題解決に推論能力を使っていると述べた。しかしその後の数十年間では動物の行動を説明するのに条件付けと本能にばかり焦点があてられたため、彼の研究の人気は衰えた。しかしジェーン・グドール、ダイアン・フォッセー、その他によるチンパンジーやゴリラの観察、続くフランス・ドゥ・ヴァールやドロシー・チーニー、ロバート・セイファースやバーバラ・スマッツといった、ボノボやその他の霊長類を自然の環境および研究室でその複雑な社会生活を観察した新世代の霊長類学者らによって、ふたたび人気を取り戻した。

この分野でとりわけ充実した研究は、動物の社会的認知の研究だった。社会的認知とは、自分のいる社会的状況を評価する能力だ。たとえばチンパンジーのグループが森のなかで採餌している、イヌのグループが遊ぶためにドッグランに出された、などだ。研究者らは、動物が互いからの合図やほかの動物からの合図——たとえばイヌが飼い主の気分を察するなど——に対して、どのように反応するかを観察する。これは従順なキツネが大きな貢献をできる分野だ。

動物の社会的認知についての研究の第一線で活躍するある研究者がアカデムゴロドクにやってきて、キツネたちの興味深い研究をおこなった。ブライアン・ヘアは当時、ボノボの自己家畜化についての論文の共著者であるリチャード・ランガムの指導下で博士号の取得を目指していた。ヘアの専門は幅広い動物種の社会的認知を比較することで、イヌと霊長類の研究に焦点を絞っていた。彼がとりわけ興味を引かれていたのは、そうした社会的技能がどのように進化するのかという点だった。[6]

ヘア自身の研究から、またほかの人々の研究からも、チンパンジーやボノボなどヒト以外の霊長類が複雑な社会的認知をおこなっているということに疑問の余地はない。たとえば霊長類が互いに毛づくろいをする様子にもそれが現れている。[7] 研究者らはアフリカの小屋で汗だくになりながら、チンパンジーやゴリラがこれまで誰も見たことがない驚くべきことをしてくれるのを待っていたが、多くの霊長類は長時間、何をするでもなく座ったまま、ほとんど瞑想によるトランス状態のような様子で、互いに毛づくろいをしているということを思い知らされた。毛づくろいのおもな目的は、自分では手の届きにくい場所の寄生生物を取ることだが、グループ内の緊張を緩和し、されるほうのストレスホルモンのレベルを低下させ、双方にエンドルフィンなど快感を引き起こす化学物質の循環を増やす効果もある。一部では、この毛づくろいの儀式には厳格な互恵のルールが適用されているようだ。なんと言っても誰かの毛づくろいには時間がかかり、自然のような競争の激しい生物学的市場では、時は金ではなく生存をかけた通貨なのだ。充分な見返りのない活動に従事することはリスクのあることで、霊長類は自分の収支の詳細な記録を憶えていられる。ガブリエレ・チノは霊長類を対象におこなわれた三十六の研究で社会的毛づくろいを調べ、それぞれの個体は誰が自分に毛づくろいをしたか詳細に観察し、それに応じて毛づくろいを施していることがわかった。実際、毛づくろいされたお返しを、食物や水を見つけるのを手伝うといった別の通貨で払うこともあった。毛づくろいの世界では誰を信用できるか知っておく必要があるので、動物たちはこの仕事に飛びこむ前に自分の社会環境を強く意識しているのだ。[8]

またほかの研究では、一部の霊長類は望みのものを手に入れるために、連合や同盟の結成を支配する社会的ルールに従っていることが明らかになった。ヒヒは「バディ」システムを作り、それによって個体は誰を信用できるか、まだ誰を信用できないかの記録をつけている。[9] 繁殖期、社会階層の下層にいる雄ヒヒは、より優位な雄によって守られている受胎可能な雌へのアクセスを得るためにほかの雄の助けを借りる。クレイグ・パッカーは、あるヒヒがよく別のヒヒを誘っていっしょに敵を脅しているのを観察した。そのヒヒは敵を脅すそぶりをしながら、誘ったヒヒのほうを何度もふり返っていた。うまくいけば、誘った雄には敵の雌と交尾できるという報いがある。誘われて同盟に加わった雄も何かしら見返りを得る。助けた雄自身が同じような挑戦をするときに、助けられるという可能性も高い。[10]

動物世界の社会的認知には欺瞞も関わっている。ベルベットモンキーは、捕食者を見つけると、個体が警戒声を発して他者に警告するが、一部のベルベットモンキーはこの警戒声を利用してグループ内の他者をだまし、自分だけ助かる方法を見つけた。ベルベットモンキーの群れどうしが境界上で出くわすと、グループのメンバー間で暴力が発生することがある。ドロシー・チーニーとロバート・セイファースが記録したグループ間相互作用264では、偽の警戒声――実際の危険がないときに発せられる警戒声――が、下層の雄によって発せられた。その雄らはグループの注意を架空の捕食者に向けることによって、グループが内輪の争いではなく、その脅威に集中するようにした。内輪の争いでは下層の雄がもっともひどくやられることが多いのだ。[11]

動物たちは、研究者らが当初考えていたよりもずっと自分の社会環境を理解しているのは明らかだ。ブライアン・ヘアは、イヌと霊長類の研究をとおして動物の社会的認知について重要な発見をもたらしてきた。ある古典的な社会的知性のテスト――オブジェクト選択テスト――で、チンパンジーが、すばらしくうまくやったイヌに負けた。[12] このテストでは、テーブルの上に不透明な箱を二つ置き、チンパンジーにはわからないように、そのうちのひとつに食べ物を入れる。どちらの箱に食べ物が入っているのかを、視覚的な合図を使ってチンパンジーに教えるのはひじょうに困難だった。入っている箱を指さしてもいいし、じっと見てもいいし、木のブロックのようなしるしを置いてもいいが、チンパンジーにはまったくわからなかった。彼らは食べ物が入った箱も、入っていない箱も、同じくらいの確率で選んだ。一方、イヌはこうしたオブジェクト選択テストでは天才といって差し支えなく、チンパンジーが気づかなかった合図を理解した。[13]

ヘアはチンパンジーとイヌの能力を比較する研究をおこない、このタスクではイヌのほうがずっと賢いことを確認した。そこで彼は自問した。なぜイヌはこれがこんなに得意なんだろう？　イヌは一生を人間と共に過ごし、こういうことを学ぶからかもしれない。あるいはイヌ科の動物――イヌ、オオカミなど――はもともとオブジェクト選択テストが得意で、「イヌらしさ」自体とはなんの関係もないのかもしれない。確かめる唯一の方法は実験を設計することだ。ヘアはオオカミとイヌにこのタスクをさせてみた。イヌはやはり成績がよく、オオカミはいったい何が起きているのかわからない様子だった。[14] つまりイヌ科の動物すべてが得意なわけではない。ヘアはまた、さまざまな年齢の子イヌでも試してみた。子イヌたちは皆、オブジェクト選択テストで好成績を取った。また、ヒトと多くの交流があるイヌと、あまり交流がないイヌをテストした。どちらもよい成績を取った。つまり、イヌにこのタスクを得意にさせているのは、ヒトとの交流時間の長さではない。

明らかな結論は、イヌには生まれつきその才能があるようだということだ。これはあるレベルでは疑問の答えになるが、別のレベルではならない。なぜイヌには難しい認知タスクを解決する生来の能力があり、チンパンジーにはないのか、とヘアは考えた。答えは、イヌが家畜化されたことに関係するはずだ。ヘアは二〇〇〇年に『サイエンス』誌に掲載された論文で次のように書いた。「個々のイヌたちが、共通の祖先であるオオカミよりもうまく社会的合図を使えるのは……彼らが選択的優位性を有しているからだという可能性が高い」[15]家畜化の過程で、ヒトの発する社会的合図を読み取るほど賢かったイヌは、より多くの餌を得た。なぜならそのイヌはヒトがやらせたがっていることをやり、ヒトはその褒美として食物を投げてやったはずだから。またそのイヌたちは、ヒトが読まれたいと思っていない合図も読みとることができて、彼らに与えられたのではない食物を食べられたかもしれない。

じつに理にかなっている。イヌのその技能は新たな生活状況への見事な適応であり、人間の主人によって、選択されたものだ。ヘアは、若い科学者が夢に見るような、重要な問いへの整然としたすばらしい答えを思いついた。[16]

彼の指導教官であるランガムはヘアの発見について異なる考えをいだいた。たしかに、技能を手に入れることは家畜化となんらかの関係があったが、ヘアの適応説——社会的により賢い動物が人間に選ばれたという説——だけが唯一の説明なのか？　人間の社会的合図を受け取るという驚くべきイヌの技能は、選択によって有利になったのか? ランガムは違うと考えた。彼はもうひとつの仮説を提案した。ひょっとしたら、この技能は家畜化の副産物にすぎないのかもしれない。[17]人間の社会的合図に反応することが選択されたのではなく、選択されたほかの形質と相乗りでやってきたのかもしれない。ヘアは二人の異なる考えを試してみることを決め、二人はどちらが正しいか賭けをした。

ヘアがこのテストをおこなえる場所はひとつしかなかった。アカデムゴロドクのキツネ飼育場だ。動物がゼロから家畜化された唯一の場所であり、そこではどのような選択圧が存在したか正確にわかっている。そして社会的知性自体の選択はおこなわれなかった。もしヘアが正しければ、家畜化されたキツネと対照群のキツネは両方とも、社会的知性のテストで悪い成績しかとれないはずだ。なぜならキツネ実験チームは、社会的知性そのものを対象に選択したわけではないから。もしランガムが正しければ、社会的知性は本当に家畜化の副産物であり、家畜化されたキツネはイヌと同様の社会的知性を示し、対照群のキツネは示さないはずだった。ヘアは、リュドミラの同僚のひとりを介して彼女に連絡をとり、彼の研究を許可してくれるかどうか尋ねたところ、彼女はぜひやってほしいと答えた。「エクスプローラーズ・クラブ」からおよそ一万ドルの資金を調達して、ヘアはアカデムゴロドクへと向かった。リュドミラと研究所の研究スタッフ、そしてキツネ飼育場の職員らはヘアを温かく歓迎した。ヘアは結束の固い集団にすぐに受け入れられてうれしかった。研究者が彼の名前「ブライアン」を「ブレイン(脳)」と言い間違えるのさえ楽しんだ。

ヘアは、自分に向ってちぎれんばかりに尾を振る従順なキツネをはじめて見て、ほかの人々と同じく、一瞬で恋に落ちた。仕事に取りかかったヘアは、イヌとオオカミでおこなったオブジェクト選択テストを拡張する必要があると考えた。[18]キツネへのテストは、二種類の実験用設定を使っておこなう。最初の設定はイヌとオオカミにおこなったのと酷似しており、キツネから百二十センチメートル離して配置したテーブルの上に、二つのカップを置き、そのひとつに食べ物を入れておく。[19] 彼といっしょにテストをおこなう研究者が食べ物の入ったカップを指差したり、じっと見つめたりする。そしてキツネがどちらのカップを選んだかを記録する。二つめのテストでは、食べ物は使わない。子ギツネの気に入っているおもちゃのまったく同じものを二つ、キツネの囲いのなかに配置したテーブルの左右に置く。

ヘアはすべての手順の概要をつくり、テストしようとしたところ、予想外の問題が次々と起きた。ひとつに、カップやおもちゃを置くテーブルが必要だったが、彼はソビエト連邦の特徴であった統制経済の名残を経験するまで、それが問題だとは思わなかった。彼がテーブルを要求すると、それは研究所の工房で彼のために作られると言われた。彼に用意されるのは粗悪な品ではなく、ベリャーエフが生きていたらきっと誇らしく思ったようなロシアの技術の粋だった。作業指図書が提出され、二週間後、テーブルが到着した。「それは見たこともないような美しいテーブルだった」ヘアは懐かしそうに回想した。「わたしはそれに『スプートニク』と名づけ、みんなはそれをおもしろがった」[20]

実験前に解決しなければならない二番めの問題は、もっと厄介だった。テストを正しくおこなうためには、キツネは囲いの右や左ではなく、真ん中に立っていなければならない。だがそれを確実にするにはどうしたらいいのか？　キツネ飼育場の職員の一部は、真ん中に立つようにキツネたちを訓練すればいいと言った。それも可能だろうが、ヘアにはその時間がなかった。また訓練によって実験を混乱させたくなかった。代わりに、囲いの真ん中にベニヤ板を置けば、金網上の床よりもその上に座るか立つかするほうを選ぶだろうと考えた。研究所が板を用意し、テストを受けるキツネの囲いの中央に置かれた。翌朝ヘアが見にいくと、キツネたちは全員、板の上に横たわっていた。

彼は七十五匹の子ギツネをテストし、それぞれ何度もテストした。[21] 結果は明白だった。従順な子ギツネは子イヌと同じくらい賢かった。そして従順な子ギツネは対照群の子ギツネよりもかなり賢かった。彼らは隠された食べ物を指差しや視線で示されて見つけるテストでも、ヘアや研究者がさわったおもちゃを選ぶテストでも、好成績だった。[22]

結果は完全にランガムの仮説を裏付けるものだった。対照群のキツネは社会的認知タスクでまったくお手上げであり、そのタスクを家畜化されたキツネはむしろイヌよりも上手にこなした。社会的知性は、なんらかの形で、家畜化に同乗してやってきたのだ。

「リチャードが正しかった」ヘアは認めた。「わたしは間違っていた……自信を大きく揺さぶられました」[23] 突然、ヘアは知性の進化、そして家畜化のプロセスを、これまでとは違う目で見るようになった。初期のヒトはイヌが賢くなるように意識的に育種していたのだと思っていた。ところが、従順さを対象とした選択からその形質が現れたなら、それは、オオカミの家畜化は社会的知性を対象に育種しようとして始まったわけではないという証拠になる。ヘアは今では、従順性を対象とした選択がオオカミを家畜化の道へと導いたのだろうと確信している。なぜなら、生まれつき少し従順なオオカミは、ヒトの集団の周囲をうろつきはじめ、多くの食物という生存上の優位を得たはずだから。ドミトリ・ベリャーエフが推測し、ヒトの自己家畜化についても言及したとおり、オオカミはみずから家畜化のプロセスを始めたのかもしれない。この理解の転換が後に、ヘアとリチャード・ランガムによる、ボノボの自己家畜化研究に結実した。

リュドミラは、ベリャーエフはきっとヘアの発見をよろこんだだろうと思った。ヘアの実験結果は不安定化選択説と完全に一致するものだった。キツネたちを、人間に対する従順な行動が究極の通貨である新たな環境に置くことでキツネのゲノムが揺るがされ、さまざまな変化――垂れ耳、巻き尾、尾を振る行動、社会的認知の向上――もついてくる。

ヘアの社会的認知についての研究に影響を受けたキツネ実験チームのひとりが、従順なキツネたちは、イヌが訓練されたさまざまなタスクを学習でどの程度できるようになるかを調べるテストをおこなった。長年、自分のペットの犬を熱心に訓練していたイリーナ・ムハメッジナは、十九歳のときにノボシビルスク大学の学生としてキツネ実験チームに加わった。しばらく飼育場で働いた頃、「毎日、キツネたちが人間の関心を引こうとして尾を振り、飛びかかってくるのを見ていて、イヌにしたようにキツネを訓練したらどうだろうという考えが浮かびました」[24] 彼女のリュドミラの許可を得て、エリートギツネの家系の子ギツネを自宅の狭いアパートメントで育てることになった。ウィルヤという名前の子ギツネは生後わずか六週間だったので、幼い頃から訓練を始められた。彼女はまた、毎日飼育場で、アンヤタという名前の別の従順な子ギツネにも訓練を施した。三週間毎日、一日十五分間、「お座り」「伏せ」「立て」などの命令をして、そのとおりにできたときにはおいしいおやつの褒美を与えた。どちらの子ギツネもすぐに命令を理解して、ショードッグのような規律正しさでタスクをこなすようになった。これを見てリュドミラは、いつかエリートギツネの子ギツネたちを里親に譲渡して自宅で育ててもらうという希望を膨らませた。子ギツネたちが訓練によって人の命令を聞くようになるのなら、訓練で完璧なペットになることも可能なはずだ。

動物行動学の研究者らは一九八〇年代から一九九〇年代にかけて、動物のコミュニケーションの理解において大きく前進した。リュドミラはこの研究を知って希望をもった。今まで彼女は従順なキツネの

「ハ、ハ」発声についての研究をおこなえなかったが、それに着手する時が来た。

賢馬ハンスという名前のウマのせいで、動物のコミュニケーション、とくにヒトとヒト以外のあいだのコミュニケーションについての主張には、昔から高いハードルが設けられてきた。二十世紀はじめ、ヴィルヘルム・フォン・オーステンという男が、彼のペットで天才的な能力をもつという賢馬ハンスのおかげで一種の有名人になった。フォン・オーステンは、ハンスは数学パズルを解け、異なる楽曲を聞き分け、ヨーロッパ史に関する質問に答えると主張した。もちろん、ハンスは話せない。蹄をコツコツと打つことによって数学の問題に答えたり、首を上下左右に振ることによって「イエス」または「ノー」と答えたりする。プロイセンの科学アカデミーはフォン・オーステンの主張を耳にして、コントロールされた状態でハンスをテストすることにした。ハンスは確かに正しい答えを出したが、それは部屋にいる誰かが答えを知っているときに限られた。二人の人間がハンスに質問の一部を伝え、どちらももうひとりがハンスになんと言ったのか知らないとき、ハンスの成績はまったくの偶然と変わらなかった。ハンスは実際とても賢かったが、人々が考えたような賢さではなかった。ハンスは、部屋にいる調査官らが選択肢として正しい答えと間違った答えをハンスに提示する際、無意識に発しているかすかな身体的合図や表情の合図を読みとっていた。動物行動学者はこの間違いをおかさないよう、細心の注意を払っている。

研究の新たな波のなかで、動物たちは複雑な方法でコミュニケーションをとっているとする厳密な研究が数多くなされた。ふたたびベルベットモンキーが、好例を提供してくれる。ケニア南部のアンボセリ国立公園での生活はベルベットモンキーにとって危険なものだ。低木の茂みのなかにヒョウがひそみ、鉤爪でサルを捕まえて運び去るカンムリクマタカにも狙われるし、恐ろしい蛇もいる。ベルベットモンキーにとっては幸運なことに、彼らはそうした脅威について互いに伝えることができる。それは驚くべき方法でおこなわれる。ベルベットモンキーは異なる種類の危険について個別の警戒声を発する。タカを見つけたら、ベルベットモンキーはわたしたちには咳に聞こえるような音を出す。それを聞いたベルベットモンキーは空を見上げたり茂みのなかに隠れたりして、空からの難を逃れる。見つけたのがヒョウでそれ以外ではない場合、ベルベットモンキーは吠えるような声を出し、これを聞いたベルベットモンキーたちは、ヒョウが追ってくるのが難しい樹上に登る。ニシキヘビやコブラが高い草のなかに隠れているのを見かけたら、ベルベットモンキーは「チェッ」という声をあげる。ベルベットモンキーが発する特定の合図各々に対して、その信号を受け取った者がとれる特定の、対処可能な反応が存在する。[25]

動物のコミュニケーションは、とてもおもしろいとは思ったが、リュドミラの専門ではなかった。彼女とチームはずっと前から、キツネたちが発しはじめたさまざまな新たな発声に気づいていた。エリートギツネの子ギツネが人間の関心を求めてくんくん鼻を鳴らしたり甘えた声を出したり、さまざまに吠える声もあった。ココの笑い声と言われた「コ、コ、コ」という音や、「ハーウ、ハーーウ、ハウ、ハウ、ハウ」——「ハ、ハ音」という、リュドミラが笑い声のようだと思った音もあった。こうした発声をどのように研究すればよいのか、その知識がある研究者は研究所にはいなかったので、リュドミラはこれまで研究しようとしたことはなかった。

当時、リュドミラの母校であるモスクワ大学の、動物行動学者の若い教授イリヤ・ボロジンの研究室に、二十歳の学部生スベトラーナ・ゴゴレワがいた。[26] 彼女はスベタと呼ばれていた。スベタはキツネの実験についての文献を読み、家畜化が動物のコミュニケーション能力の進化にどのように関与していたかを研究するユニークな機会だと考えた。ボロジンはいいアイディアだと思い、彼とスベタはリュドミラに連絡をとって、キツネの発声をすべて録音し、エリートギツネ、対照群のキツネ、攻撃的なキツネの発声を比較したいと申し出た。リュドミラはよろこんでスベタをキツネ実験チームに迎えると言った。最初の一歩は、チームのメンバーがエリート、対照、攻撃的なキツネそれぞれの発声を予備的に録音することだと、リュドミラはスベタに伝えた。そのテープをモスクワ大学に送り、スベタとボロジンがそれを聞いて、どう思うかを判断する。スベタとボロジンはテープの録音を聞いて、興奮した。二人はこれまで従順なキツネが出すような声を聞いたことがなかった。「最初の録音を分析が終わると、わたしはすぐに飼育場に行ってこれらの特別な動物たちを研究するべきだということになりました」と、スベタは語る。彼女は二〇〇五年の夏からキツネ飼育場での研究を始めた。「わたしは少し緊張していました」なんと言っても、彼女はまだ大学卒業もしていない学部生だった。しかしリュドミラと会って、すぐに不安はなくなった。「彼女をひと目見て、とてもいい人、優しい人だという印象を受けました」リュドミラはスベタをオフィスに招き入れて、お茶をふるまい、ベリャーエフと実験の歴史についてスベタに語った。「リュドミラはとても親切で、ほほえみながらわたしに話してくれました。そのほほえみと柔らかな口調で、安心しました[27]」

攻撃的なキツネを研究するのはストレスが多かったが、従順なキツネを研究するのは大好きで、スベタはケフェードラというキツネととくに仲良くなった。彼女は懐かしそうに、最初にケフェードラの声を録音しに行ったときのことを語る。ケフェードラは「からだを横にして寝ながら、クワックワッという声とハアハアという息遣いの入り混じった長い発声をしました」スベタがなでてやると、ケフェードラは「わたしの袖に鼻先をこすりつけてわたしの指をなめました」

スベタは従順なキツネ、対照群のキツネ、攻撃的なキツネの出すさまざまな音を分類することから始めた。[28]「通常わたしは、朝の給餌が終わってから、午前十時から十時半に作業しました。キツネのリストがあり、どのキツネをテストするか自由に選べました」最初から、攻撃的なキツネがほかのキツネたちよりも声が大きいのははっきりしていた。しかしスベタは音量にはあまり興味がなかった。音の性質を聞き分け、異なるキツネのグループ間で違いがあるのかどうかを判断する。そのために、彼女は従順なキツネ、対照群のキツネ、攻撃的なキツネの各グループから二十五匹の雌ギツネのテストをおこなうことにした。

テストでは、充分に練習した、正確で整然としたやり方で、マランツPM-222を武器に、自分の囲いにいるキツネに近づいていった。囲いから六十センチから九十センチの場所で立ちどまり、キツネが発声しはじめたら五分間それを録音する。スベタはテストした七十五匹の雌ギツネの一万二千九百六十四回の発声を録音し、そのすべてを八つのカテゴリーに分類した。音のうち四種類は、すべてのグループ——従順なキツネ、対照群のキツネ、攻撃的なキツネ——が発したが、その他の四つの音のうち二つを発したのは従順なキツネだけで、残りの二つを発したのは対照群のキツネと攻撃的なキツネだけだった。

攻撃的なキツネと一部の対照群のキツネが発した二つの音は、（人間には）鼻を鳴らす音か咳の音ように聞こえる発声だった。従順なキツネだけが発した二つの音は、スベタがケフェードラから聞いたことがある、クワックワックワッという声と、リュドミラがよく知る、「ハーウ、ハーーウ、ハウ、ハウ、ハウ」という奇妙な音だった。

スベタはこの発見をさらに掘り下げるために、クワックワッという声と息遣い——「ハ、ハ」音——を詳細に分析した。継続時間、振幅、周波数といったことを考慮に入れて音響の微細なダイナミクスを分析すると、実際、その組み合わせは、ヒトの笑い声の音にひじょうに近い音だった。ほかのヒト以外の動物の模倣よりも近い。スベタが、従順なキツネのクワックワッという声と息遣いの音の音響スペクトログラム——音を視覚的に表した図——をヒトの笑い声の音響スペクトログラムと並べると、その違いがわからないほどだった。笑い声のようだと思ったリュドミラは正しかった。それらは驚くほど似ていた——不気味なほどに。

音響スペクトログラムの分析によって、スベタとリュドミラは、従順なキツネの「ハ、ハ」音は人間の注意を引き、交流を長引かせるために発したものだという大胆な仮説を立てた。従順なキツネたちは、どういうわけか、わたしたちの笑い声とよく似た音でわたしたちをよろこばせる名人になった。[29] どうしてそうなったのかはわからないが、ある種が別の種との絆を結ぶのこんなにすてきな方法は、ほかに思いつかない。

10　遺伝子の激変

　リュドミラとベリャーエフにとってキツネの実験の中核は、家畜化に関わる遺伝子がどのように働くのかということの解明だった。キツネの実験は幅広い研究分野に広がったが、最初からそれが真のゴールだった。アンナ・クケコワ――リュドミラに促され、キツネの家畜化研究のために飼育場に駆けつけて血液サンプルを採取した研究者――が加わり、リュドミラはようやく、キツネのゲノムの詳細を調べることが可能となり、その分析が家畜化のプロセスにさらなる洞察をもたらしてくれるのを期待した。

　アンナとリュドミラが最初にやらなければならなかったことは、キツネのゲノムの解析だった。それは骨の折れる仕事だった。完璧な遺伝子配列を構築しようとすればお金も時間もかかる。アンナは、それほど詳細でないゲノム地図を作るための迅速な方法を探すことにした。イヌゲノムの完全な配列を解析する研究が進行中で、アンナはイヌゲノムの分析のために開発されたツールを利用できないかどうか、調べてみたかった。このツールは遺伝子マーカー[1]と呼ばれて、遺伝子の位置を突きとめ、識別、分析するのを助ける特定のＤＮＡの配列だ。イヌとキツネは進化の上で近縁種だから、キツネとイヌのゲノムは、イヌの遺伝子マーカーを使えるくらい似ているのではないかとアンナは考えた。しかしイヌの祖先とキツネの祖先が一千万年ほど前に枝分かれしたことを考えれば、これはけっして確実なことではなかった。二者の遺伝子構造も、ゲノムの染色体数という大きな部分で異なっていた。イヌのほとんどの品種は三十九対の染色体をもつが、ギンギツネは十七対だ。ありがたいことに、七百の遺伝子マーカーをテストするという退屈なプロセスを経て、アンナは四百ほどがキツネの染色体でも使えると発見した。これはキツネのゲノムの解析を始めるにあたり、充分な武器になる。[2]

　この知らせを受けとった二〇〇三年秋、リュドミラは七十歳の誕生日を迎えたばかりで、キツネたちのゲノム解析に取りかかれるという連絡は彼女にとって大きな意味があった。ベリャーエフと彼女とキツネたちは、なんて遠くまでやってきたのだろう。彼女がベリャーエフとの共同研究のために最初にノボシビルスクにやってきたときには、まだルイセンコの影響下で、二人は実験の本質を隠さなければならなかった。それだけではない。彼女は今、ロシア人――ソビエトではなく――で、冷戦時代には天敵だった国アメリカに就職した科学者と共同研究しようとしている。そして彼女たちが使うのは、個々の遺伝子の微細な違いを見定めるだけでなく、遺伝子のクローンも作れるほど精巧な機器なのだ。ベリャーエフが生きていてこの行程を共有できたらよかったのにと、リュドミラは思った。

　キツネ飼育場の二百八十六匹のキツネのDNAの欠片を使い、アンナ、リュドミラ、同僚の研究者らは、慎重にキツネのゲノムマップを構築した。包括的なものではなかったが、性染色体以外の十六対すべての染色体と、X染色体の一部をカバーしていた。さらに多くのマーカーが手に入るまで、残りを埋めることはできない。彼らは全部で三百二十の遺伝子の相対的位置をマップに示した。[3]これは哺乳類の典型的なゲノムの小さなかたまりだが、大きな一歩だった。これで、マップ上に位置づけた遺伝子のどれが家畜化に関わる変化とリンクしているのかを特定するという困難な仕事に取りかかることが可能になり、最終的には、いったいどのようにして、かつて野生動物のために暗号化されていたDNAの一部が変化し、ヒトが大好きな、家畜化された動物を生み出すことができたのかについて理解が可能になる。この仕事には多くの時間と資金が必要だった。[4]幸い、キツネゲノムの一部を単純にマッピングした初期成果が、見込みありとされ、国立衛生研究所から資金を調達することができた。国立衛生研究所は従順なキツネのおとなしく、向社会的な行動と攻撃的なキツネの攻撃的で反社会的な行動の遺伝学的根拠の理解に、医学的な意味があると考えた[5]。

ゲノム解析が進むなか、アンナはユタ大学の生物学教授であったゴードン・ラークに連絡をとった。リュドミラが従順なキツネと対照群のキツネの骨格の違いを測定した以前の研究の追跡調査で、ラークが力になってくれるのではないかと考えたからだ。以前の研究では、従順なキツネの成体は対照群のキツネよりも鼻づらが短く、丸くなり、子ギツネの鼻づら、そしてイヌの鼻づらに似ていた。アンナはラークと彼のチームがイヌの身体と頭蓋骨の長さと幅を測定したことを知っていて、イヌとキツネの骨格を比較するのに彼が力を貸してくれるだろうと考えた。

ラークのチームは、イヌの一部の品種で、脚が短く鼻づらも短い品種は脚の幅が広く鼻づらも幅広く丸く、丸っこくて地面に近く、ブルドッグのような見た目だと発見した。長くほっそりした脚と長い鼻づらをもつ犬種は、比較的鼻づらが狭く、ブルドッグよりもグレイハウンドのような見た目だった。ラークのチームがおこなった遺伝子分析では、イヌの骨の長さと幅の関係は、頭蓋骨の成長に影響を及ぼす少数の遺伝子によってコントロールされていると示された。

アンナはラークに、飼育場のギンギツネで同様の研究をおこなうことに興味はあるかと問い合わせた。ラークはぜひやりたいと答えたが、そのためには、キツネ実験チームにはX線機器が必要となる。リュドミラにはそれを購入する資金がなかった。そこでラークが、購入費用の二万五千ドルを細胞学遺伝学研究所に送金することになった。リュドミラがロシア側のプロジェクトを監督することになり、同僚で友人のアナスタシア・カーラモワが日々の業務を管理した。ラークは彼女を「リュドミラの副官」と呼んだ。アナスタシアは従順なキツネ、攻撃的なキツネ、対照群のキツネの身体と頭蓋骨のX線写真を撮影しはじめ、ラークの同僚のひとりがX線写真をアップロードできるウェブサイトを立ちあげ、ユタ大学のチームが、骨の幅と長さの分析という専門知識の必要な作業をおこなった。

　このときラークははじめてリュドミラのチームの強烈かつ効率的な働き方に触れた。彼は次のように回想している。「どんどん送られてくるデータの量に驚きました。キツネのチームには一日が五十時間あるのかと思うほどでした」その仕事は報われた。ラークのチームは、イヌで見られた骨の幅と長さの関係――短い脚と短い鼻づらは、幅広の脚と幅広で丸い鼻づらと組み合わさっている――と同じことが、キツネでも起きていた。

　ラークとリュドミラは、なぜこのような変化がキツネに起きたのかについて、興味深い説を提案した。野生のキツネは子ギツネが成長して乳離れすると、身体と顔の形は生存の可能性がもっとも高い形に変化する。子ギツネのときには、顔は比較的丸く、脚は太かった。しかし成体になると、長くほっそりした脚のほうが、獲物を追いかけたり捕食者から逃げたりするときにスピードが出る。そしてより長く、尖った鼻づらのほうが食物を探すときにひっこんだ場所や茂った草むらに突っこみやすい。野生のキツネでは、これが成長期の体型の変化を対象とした自然選択につながり、昔ながらのキツネの成体の骨格ができあがる。しかし飼育場のキツネは、採餌や狩りの必要も、捕食者から逃げる必要もなく、選択圧が消えた。その選択圧がなくなり、従順なキツネでは成体になっても未成熟な丸っこい顔やころころした身体がつくられる。[7]

　リュドミラとラークが従順なキツネの骨格の研究をおこなっていたあいだに、アンナ、リュドミラ、同僚たちはDNA解析の次の段階に進んだ。キツネのゲノム研究をその行動とリンクする。従順なキツネと攻撃的なキツネ六百八十五匹からDNAサンプルを採取し、そのすべてのキツネが研究者と交流している様子をビデオテープに録画する。九十八の行動について細心の、強迫的と言ってもよいほどの分析がおこなわれた。少し挙げると、「従順な音」「攻撃的な音」「従順な耳」「攻撃的に後ろに伏せられた耳」「観察者がキツネに触れる」「キツネが観察者の手のにおいをかぎにくる」「キツネがからだを横にして寝る」「キツネが観察者に腹を触るよう促す」などの特徴が記録された。このプロジェクトは、二〇一一年に実を結んだが、とてつもない仕事だった。けれども幸いにして、結果がその仕事を甲斐があるものにしてくれた。

従順なキツネに起きた行動学的・形態学的特徴の変化の多くと関連する遺伝子は、キツネの十二番染色体上にあることが明らかになった。この領域では、エリートギツネと攻撃的なキツネは異なる組み合わせの遺伝子をもち、リュドミラ、アンナ、チームのメンバーらは、これらの遺伝子が、従順なキツネをほかのキツネたちと異ならせる変化に関わっている可能性が高いという仮説を立てた。[8]

一年前の二〇一〇年、名門科学誌『ネイチャー』に、大々的に予告されていたイヌの家畜化についての論文において、オオカミからイヌへの進化につながった遺伝子変化の多くは、ほんの数本の染色体にある遺伝子に遡ることができると発表した。アンナとリュドミラは、従順なキツネを野生のキツネと異ならせるようにしたキツネの十二番染色体の遺伝子変化が、イヌの家畜化に関連する遺伝子変化と似ているのかどうか、確かめられることになった。二人は二組の遺伝子にかなりの類似性を予想していたが、予想どおりだった。キツネの家畜化に関わった十二番染色体の多くの遺伝子は、それに対応するイヌの家畜化に関わった染色体にも存在した。現実だとは思えないほどできすぎだった。

ベリャーエフが長時間鉄道に揺られてエストニアのコヒーラ・キツネ飼育場にニーナ・ソルキナを訪ねてから五十九年、リュドミラが彼の探究に加わってから五十三年がたち、彼らはキツネの家畜化に関連する遺伝子の一部がどこにあるかを知ることができた。次は、各遺伝子の特定の機能と、ベリャーエフが最初から──人々の語彙にまだそんな用語がなかった頃から──示唆していたように、それらの遺伝子発現が家畜化の特徴をもたらしたのかどうかを探る実験をおこなう。二〇一一年には、それをおこなう技術が利用可能だった。

「次世代配列決定法」はDNAの配列を読み取る速度を上げ、人間の目ではなくコンピュータ分析によってDNAの小さな欠片を百万、ときには数十億も読み取ることが可能になった。遺伝子の影響とその発現の仕方を分析することはきわめて複雑なプロセスであり、それは遺伝子が一般的に身体のさまざまな細胞でさまざまな影響をコードしているからだ。動物の身体の精子と卵子を除く各細胞には、対となる染色体に同じ遺伝子群が存在する。しかしたとえば皮膚細胞、血液細胞、脳細胞では異なる遺伝子のスイッチが入ったり消えたりしていて、ひとつ以上の種類の細胞でスイッチが入る一部の遺伝子は、ある細胞型と別の細胞型で異なるタンパク質生成がコードされている。ある動物と別の動物で任意のある遺伝子発現の詳細を分析することは、したがって、身体のあらゆる種類の細胞で遺伝子がコードされたさまざまなタンパク質を比較することをふくむ。研究者はたいてい、身体の特定の部位の特定のタイプの細胞に焦点を絞って取りかかる。そこでアンナとリュドミラが最初に考えなければならない問題は、どのタイプの細胞を調べるかということだった。二人はキツネの脳細胞の発現を調べることから始めた。前頭前脳は行動のおもな制御者であり、キツネに起きた変化は従順性を対象とする選択から始まった。前頭前皮質は行動の制御にとりわけ重要だとされており、二人はここから細胞を取り出した。[9]

一万三千六百二十四の遺伝子を解析し、従順なキツネと攻撃的なキツネでそれらの遺伝子によって生成されるタンパク質の量を複素解析したところ、それらの遺伝子のうち三百三十五――約三パーセント――のタンパク質生成レベルに劇的な違いがあった。たとえば、セロトニンとドーパミンの生成に重要なHTR2C遺伝子は、従順なキツネで高いレベルの発現が見られた。とりわけ興味深かったのは、三百三十五の遺伝子の一部――二百八十――の発現が、攻撃的なキツネよりも従順なキツネのほうが高く、それ以外は、従順なキツネのほうが攻撃的なキツネよりも低かったということだ。つまり従順な行動への変化は、単純なプロセスではありえない。さらに、それらの遺伝子のあいだでも複雑な相互作用があった。これらの遺伝子一式の発現の話はあまりにも複雑なので、この先何年も調査が続くはずだ。

リュドミラとアンナは今でも、これら三百三十五の遺伝子の特殊な機能の特定という、細心の注意と時間を要するプロセスに従事している。一部はホルモンの生成や血液系の形成、病気への感受性、被毛と皮膚の形成、ビタミンやミネラルの生成に関連していることを突きとめた。ホルモン生成への影響は予想どおりだった。なぜならすでに従順なキツネで重要なホルモンの変化が見つかっていたからだ。ほかの影響がどのようにエリートギツネたちの行動に関連しているのかは、まだわかっていない。この複雑なパズルにもっとたくさんのピースがはまれば、ギンギツネゲノムの不安定化というはっきりした図が浮かんでくるだろう。そしてオオカミとキツネの家畜化のプロセスも、よりよく理解されるようになるはずだ。[10]

ベリャーエフはキツネの実験を立ち上げるにあたり、従順性を対象とした選択という同じ基本プロセスが動物の家畜化にも含まれていたとする理論を立てた。オオカミとキツネの家畜化では、彼の言ったとおり、そのゲノムと遺伝子発現に多くの同じ変化が関わっている可能性が高い。しかしこれらの結果が、ほかの動物たちの家畜化についての説明になるだろうか？　同じ遺伝子とその発現の変化が関わっているのだろうか？

フランク・アルバートおよびリュドミラを含む遺伝学者によるチームがおこなった最近の分析では――イヌ、ブタ、ウサギの――三種の家畜化に関連する遺伝子と、家畜化された動物と祖先の動物――オオカミ、イノシシ、野生のウサギ――でそれらの遺伝子の発現レベルが比較された。まったく同じ組み合わせの遺伝子や発現の同じ変化が関わっているという証拠はほとんどなかった。証拠が見つかったのは、脳の形成に関連する遺伝子二つが、三種の家畜化すべてに共通して関わっているということで、この興味をそそる発見についてさらなる研究が進行中だ。[11]

当面は、ヒトを含むその他の種の家畜化のプロセスは謎に包まれたままで、少なくとも原理上は、それらすべての謎も時がたてばいずれは解決されるだろう。遺伝分析のテクニックが向上し、考古学、人類学、遺伝学がその他の種の家畜化を解明できれば、われわれは、種を問わず家畜化のプロセスはいかに似通っているか、従順性を対象とした選択および不安定化選択がいずれのケースでも背後にあると考えたドミトリ・ベリャーエフが正しかったのかどうか、理解できるようになるだろう。

さまざまな種で関与する特殊な遺伝子は異なるかもしれないが、ベリャーエフの言うとおり、プロセスは種を問わず重要な点で似ているとうかがわせる手掛かりもある。多くの種における家畜化遺伝子の研究によって、家畜化には、ベリャーエフが不安定化選択説で述べたような遺伝子変化の複雑な組み合わせが関わっていたということが示されている。たとえば、南フランスのウサギの家畜化についての研究では、「少なくとも選択の一部は個体群のなかにすでに存在していた遺伝的バリエーションに起きた」

ことを明らかにした。ベリャーエフの予言どおりだ。[12] そして家畜化についての研究の多くは、キツネの研究と同様に、遺伝子の存在や不在だけでなく、遺伝子発現が家畜化の鍵であると論証している。

ベリャーエフの不安定化選択説のもうひとつの援軍は、アラン・ウィルキンズ、リチャード・ランガム、テカムセ・フィッチによる、なぜ従順性を対象とした選択が次々と新たな形質の変化につながるのかを説明する有望な新理論だ。神経堤細胞と呼ばれるタイプの幹細胞の変化が、家畜化動物が共有している特質の多くを説明するのに役立つかもしれないと、彼らは説明している。脊椎動物の胚発生のごく早い時期、これらの細胞は神経堤細胞として知られるもの——発生途中の胚の真ん中にあるニューロンの集まり——に沿って動き、身体のさまざまな部位、たとえば前脳、皮膚、顎、歯、咽頭、耳、軟骨などに移動する。ウィルキンズと同僚は、従順性を対象とした選択は神経堤細胞の数のわずかな減少を対象とした選択にもなっていること、また「[家畜化に関連して] 形態学・生理学の両方で変化した形質のほとんどは、そうした [神経堤細胞] 不足の直接の結果だと簡単に説明がつき、その他の形質は間接的な結果だと説明できる」という仮説を立てた。[13] これがどのように起きるのかは不明だが、もし正しければ、なぜ従順性が家畜化された種に見られるさまざまな形質——まだらの体色、垂れ耳、短い鼻づら、生殖の変化、巻き尾など——にリンクされているのかの説明に役立つ。興味をそそる仮説で、さらなる調査が待たれる。

キツネの実験はいずれさらに多くのすばらしい発見を生みだすだろう。実験開始から六十年近くが経ち、生物学の実験としてはとてつもなく長い。しかし進化の視点で見れば、六十年はほんの一瞬だ。実験が百世代まで続いたら何が起きるだろう? 五百世代では? キツネがどれほど従順になるか、ヒトとの生活にどれほど共生的になれるかには限界があるのだろうか？　どこまでイヌに似た見た目になる？　どれだけ賢くなるのか？　プシンカが暗闇でリュドミラを守ろうとして吠えたエピソードが暗示するように、キツネたちは人間の忠実な番人となるだろうか？　ひょっとしたら、ドミトリ・ベリャーエフが願ったように、キツネの実験がいつか説明してくれるかもしれない。染色体の奥深くで、ヒトの祖先も含めて飼いならされた動物たちすべての共通の祖先を従順さへと向かわせた激変は、どのようにして起きたのかを。

キツネの家畜化実験についてすでにはっきりとわかっているのは、キツネたちは、われわれの生活に迎え入れて愛情を注ぐことのできる新しい系統の動物になったということだ。それは、彼女の言葉を借りれば「優美で、ふわふわで、魅力的ないたずら者」になったキツネたちに関する、リュドミラの最大の希望でもある。

二〇一〇年、リュドミラは人々が従順なキツネをペットとして欲しがるかどうか真剣に検討を始めた。そしてこれまでにたくさんのキツネが、ロシアや西ヨーロッパや北アメリカの里親に引き取られて幸せに暮らしている。時折飼い主がキツネと家族の様子を伝える手紙をくれて、リュドミラをよろこばせてくれる。折にふれてそうした手紙を取りだして読み返し、飼い主の描写するキツネの行動や、家族のキツネへの愛情にほほえみを浮かべている。

あるアメリカ人カップルは子ギツネを二匹引き取り、ユーリとスカーレットと名づけた。「二匹はいっしょによく遊び、二匹ともとても社交的です。散歩が好きで、なにもかも見たがっています！」[14]最近届いた別の手紙には、アルシという名前のキツネが危機一髪だったときのことが書かれていた。「アルシは……一週間ほど前にちょっと具合が悪くなりました。二日間ほど餌を食べずに、二回吐き戻しました。彼を「獣医に」連れていって血液検査とX線検査をしてもらいました。「獣医師は」Vの形をしたゴム製おもちゃのかけらを喉から取り除きました。わたしが買ってあげたおもちゃです。まるで赤ちゃんの面倒を見ているみたい。なんでも口に入れてしまうんですから！」

手紙はどれもリュドミラの宝物だが、ある一通は特別うれしかった。「こんにちはリュドミラ、わたしはとても幸せです」飼い主はアディスという名前のキツネを引き取っていた。「アディスはすばらしい……わたしが仕事から帰るとアディスは尻尾を振って、わたしにキスしてくれるんです[15]」キス……なんてすばらしい、とリュドミラは手紙を読むたびに思う。ベリャーエフもきっとよろこんだことだろう。

二〇一六年に八十三歳の誕生日を迎えたリュドミラは、今も毎日キツネ飼育場で働いている。サン・テグジュペリの『星の王子さま』に出てきたキツネの思慮深い言葉、「飼いならした相手には、いつまでも責任があるんだよ」が、つねにリュドミラの座右の銘だ。彼女の夢は、キツネたちが安心できて愛情いっぱいの未来をつくること。「キツネたちを新しいペットの種として登録できたらと思っています」リュドミラは言う。「いつかわたしはいなくなりますが、わたしのキツネたちにはずっと生きていてほしい」より多くの人々にキツネを引き取ってもらうことは簡単ではないとわかっている。しかし簡単かどうかはリュドミラには関係ない。これまでもずっとそうだった。大事なのは、可能かどうかだ。

謝辞

何よりもまず、ドミトリ・ベリャーエフに感謝を述べたいと思います。そのすばらしい洞察に、そして六十年以上も前にギンキツネを家畜化するという大胆な実験を立ち上げてくれたことに。ドミトリが亡くなって三十年以上が経ちますが、シベリアのキツネ研究チームのメンバーがこの立派な人物のことを思い出さない日は一日たりともありません。今でも彼がチームを導いてくれていたらと思います。亡くなったドミトリの唯一の後悔が、『人間の新しい友だち』という、まさに本書の物語の中核についての一般向け書籍を執筆できなかったことでした。従順なキツネの目でひとたび見つめられたら、かわいい舌でなめられたら、ふさふさの尾を振られたら、わたしたち人間が愛らしく、忠誠心の強い新たな友だちをつくり出したことを疑う人はいないでしょう。

本書をまとめるのに手を貸してくださったみなさんになんとお礼を言ったらいいのか、わかりません。リュドミラの親友で同僚のタマラ・クズトワはごく初期からキツネ実験に参加してくれました。長年にわたり実験データを分析し電子データベースをつくってくれたエカテリーナ・オメルチェンコにも心から感謝します。パーベル・ボロジン、アナトリー・ルビンスキ、マイケル（ミーシャ）・ベリャーエフ、ニコライ・ベリャーエフ、スベトラーナ・アルグティンスカヤ、アルカジー・マルケルにも、長年リュドミラの共同研究者として、また友人として、してくれたすべてのことに感謝を申し上げます。この実験にはこれまで数百人の研究者が何らかの形で関わってくれました。その全員にここでお礼を述べることは不可能ですが、以下の方々の驚異的な仕事に感謝の念を示さないわけにはいきません。イリーナ・プリスニーナ、イリーナ・オスキナ、リュドミラ・プラソロワ、ラリサ・バシリエワ、ラリサ・コレシニコワ、アナスタシア・ハルラモワ、リマ・グレービチ、ユーリー・ゲルベク、リュドミラ・コンドリナ、クラウディア・シドロワ、ワシリー・エバイキン（キツネ飼育場所長）、エカテリーナ・ブダシキナ、ナターシャ・バシレブスカヤ、イレーナ・ムハメッジナ、ダーリャ・シェペレワ、アナスタシア・ウラジミロワ、スベトラーナ・シヘビチ、イリーナ・ピボバオワ、タティアナ・セメノワ、ヴェラ・チャウストワ（キツネ研究を長年担当してくれた獣医）。そしてベーニャとガーリヤのエサコビ夫妻がココに向けてくれた愛情と世話にも深い恩義を感じています。ココは生涯の大部分を二人の自宅で暮らしました。

少々変わっているかもしれませんが、わたしたちは共著者としてお互いに感謝を述べたいと思います。リーは、これまでおこなわれたもっとも重要な科学的実験に関わるという純粋なよろこびを許してくれて、この研究に関わる驚くべき人々と出会う機会を与えてくれたリュドミラの友情に感謝します。リュドミラも、リーの友情に、そして自分が心から大切に思うキツネたちに会うため、またドミトリ・ベリャーエフの多くの友人や同僚に彼との思い出や家畜化されたキツネに関する発見の心躍る瞬間についての話を聞くため、一度ならず飼育場を訪れてくれたことに、感謝を述べたいと思います。

インタビューに応じて、人々やすばらしいキツネたちへの洞察を与えてくださった方々、ありがとうございました。アナトリー・ルビンスキ、パーベル・ボロジン、マイケル（ミーシャ）・ベリャーエフ、ニコライ・ベリャーエフ、ラリッサ・バシリエワ、ワレリー・ソイフェル、ガリーナ・キセレワ、ウラジミール・シュムニー、ラリッサ・コレスニコワ、ナタリー・ドロネー、アンナ・クケコワ、スベトラーナ・ゴゴレワ、イリヤ・ルビンスキー、ニコライ・コルチャノフ、L・V・ジュナク、オレグ・トラペゾフ、オーブリー・マニング、ジョン・スカンダリオス、ブライアン・ヘア、ゴードン・ラーク、フランチェスコ・アジャラ、バート・ホルトブラー、マーク・ベコフ、ゴードン・ブルクハルト。

六十年近くにもおよぶ年月、数百匹のキツネたちの日々の飼育は費用のかかる事業だ。一九八五年から二〇〇七年まで細胞学遺伝学研究所所長を務めたウラジミール・シュムニー、そして今日その任に就いているコルチャノフの両名が、困難な時期にキツネの実験を継続するために必要な財政的支援をしてくださったことに対して、リュドミラはとりわけ感謝しています。

この本を形にするために力を貸してくださったスーザン・レイビナー、スーザン・レイビナー・リタラリー・エージェンシーに感謝します。ユニバーシティ・オブ・シカゴ・プレスの担当編集者であるクリスティー・ヘンリーは最高の編集者で、このプロジェクトを共にできたことはよろこびでした。そして彼の編集助手であるジーナ・ワデス、原稿を読んでくれた匿名のお二方、ユニバーシティ・オブ・シカゴ・プレスの編集委員会にもお礼を申しあげます。本書の各章中のさまざまなコメントは、パーベル・ボロジン、カール・バーグストロム、ヘンリー・ブルーム、ジョン・シュメイト、アーロン・ドガトキン、ダナ・ドガトキン、マイケル・シムズ、そしてとりわけエミリー・ルースが親切にも提供してくださったものです。ダナ・ドガトキンはインタビューのトランスクリプションを作成し、本書の原稿を何度も校正してくださいました。その助言にとても助けられました。リーと共にシベリアのアカデムゴロドクを訪問し、インタビューのトランスクリプションを作り、毎日食堂でリーとロシア料理の串焼きランチを楽しんでくれたアーロン・ドガトキンにも感謝いたします。アカデムゴロドクではウラジミール・フィロネンコが恐れ知らずの通訳を務めてくれましたし、イゴール・ジョーミンはノボシビルスクの凍った道を滑るように走り、われわれのチームをあちこちに連れていってくれました。シベリア以外でも、アルバーノ大学の文化言語コンサルタントであるアマル・エル＝シークによるロシア語－英語のすぐれた翻訳に助けられました。ときにはルイスヴィル大学のトム・ダムストーフも翻訳を手伝ってくれました。

註

1

1 Here Belyaev was influenced by the work of one of his intellectual idols, Niko- lai Vavilov, in particular Vavilov's Law of Homologous Series.

2 In Russian, this sort of settlement is called a Poselok (поселок).

3 S. C. Harland, "Nicolai Ivanovitch Vavilov, 1885–1942," *Obituary Notices of Fel- lows of the Royal Society* 9 (1954): 259–264.

4 Summarized in his book, N. I. Vavilov, *Five Continents* (Rome: IPGRI, English translation, 1997).

5 Vavilov Research Institute: http://vir.nw.ru/history/vavilov.htm#expeditions.

6 D. Joravsky, *The Lysenko Affair* (Cambridge: Harvard University Press, 1979); V. Soyfer, "The Consequences of Political Dictatorship for Russian Science," *Nature Reviews Genetics* 2 (2001): 723–729; V. Soyfer, *Lysenko and the Tragedy of Soviet Science* (New Brunswick: Rutgers University Press, 1994); V. Soyfer, "New Light on the Lysenko Era," *Nature* 339 (1989): 415–420.

7 From the Agricultural Institute of Kiev.

8 From the Agricultural Institute of Kiev.

9 Soyfer, *Lysenko and the Tragedy of Soviet Science*.

10 Vitaly Fyodorovich.

11 Soyfer, *Lysenko and the Tragedy of Soviet Science*, 56; *Pravda*, October 8, 1929, as cited on in Soyfer, *Lysenko and the Tragedy of Soviet Science*.

12 *Pravda*, February 15, 1935; *Izvestia*, February 15, 1935. As cited in Joravsky, *The Lysenko Affair*, 83, and Soyfer, *Lysenko and the Tragedy of Soviet Science*, 61.

13 Z. Medvedev, *The Rise and Fall of T. D. Lysenko* (New York: Columbia Univer- sity Press, 1969).

14 Medvedev, *The Rise and Fall of T. D. Lysenko*.

15 P. Pringle, *The Murder of Nikolai Vavilov* (New York: Simon and Schuster, 2008), 5.

16 Founded in 1916, this institute was funded by a private charity and was part of the People's Commissariat of Health: S. G. Inge-Vechtomov and N. P. Boch- kov, "An Outstanding Geneticist and Cell-Minded Person: On the Centenary of the Birth of Academician B. L. Astaurov," *Herald of the Russian Academy of Sciences* 74 (2004): 542–547.

17 S. Argutinskaya, "Memories," in *Dmitry Konstantinovich Belyaev*, ed. V. K. Shumny, P. Borodin, and A. Markel (Novosibirsk: Russian Academy of Sci- ences, 2002), 5–71.

18 Argutinskaya, "Memories." Their son was left to fend for himself, eventually ending up in the care of an aunt.

19 Joravsky, *The Lysenko Affair*, 137.

20 T. Lysenko, "The Situation in the Science of Biology" (address to the All- Union Lenin Academy of Agricultural Sciences, July 31–August 7, 1948). The entire speech, in English, can be found at http://www.marxists.org/reference/archive/lysenko/

works/1940s/report.htm.

21 From stenographic notes of 1948 meeting, *O polozhenii v biologicheskoi nauke. Stenograficheskii otchet sessi VASKhNILa 31 iiula-7 avgusta 1948.*

22 Argutinskaya, "Memories."

23 Argutinskaya, "Memories."

2

1 K. Roed, O. Flagstad, M. Nieminen, O. Holand, M. Dwyer, N. Rov, and C. Via, "Genetic Analyses Reveal Independent Domestication Origins of Eurasian Reindeer," *Proceedings of the Royal Society of London B* 275 (2008): 1849– 1855.

2 Soyfer, *Lysenko and the Tragedy of Soviet Science*.

3 As cited in *Scientific Siberia* (Moscow: Progress, 1970).

4 The head of the committee was M. A. Olshansky.

5 Trofimuk's memoirs of Khrushchev's visits: http://www-sbras.nsc.ru/HBC/2000/n30–31/f7.html.

6 Ekaterina Budashkinah, interview with authors, January 2012.

7 I. Poletaeva and Z. Zorina, "Extrapolation Ability in Animals and Its Possible Links to Exploration, Anxiety, and Novelty Seeking," in *Anticipation: Learning from the Past*," ed. M. Nadin (Berlin: Springer, 2015), 415–430.

3

1 D. Belyaev to M. Lerner, July 15, 1966. From collection of Lerner letters at the American Philosophical Society.

2 P. Josephson, *New Atlantis Revisited: Akademgorodok, The Siberian City of Sci- ence* (Princeton: Princeton University Press, 1997).

3 Josephson, *New Atlantis Revisited*, 110.

4 L. Trut, I. Oskina, and A. Kharlamova, "Animal Evolution during Domestica- tion: The Domesticated Fox as a Model," *Bioessays* 31 (2009): 349–360.

5 The term *destabilizing selection* has other meanings as well within the field of evolutionary biology.

6 Tamara Kuzhutova, interview with authors, January 2012.

7 M. Nagasawa et al., "Oxytocin-Gaze Positive Loop and the Coevolution of Human-Dog Bonds," *Science* 348 (2015): 333–336; A. Miklosi et al., "A Simple Reason for a Big Difference: Wolves Do Not Look Back at Humans, but Dogs Do," *Current Biology* 13 (2003): 763–766.

8 B. Hare and V. Woods, "We didn't domesticate dogs, they domesticated us," 2013, http://news.nationalgeographic.com/news/2013/03/130302-dog-domestic-evolution-science-wolf-wolves-human/.

9 C. Darwin, *The Expression of Emotions in Man and Animals*, 2nd ed. (London: J. Murray, 1872).

10 N. Tinbergen, *The Study of Instinct* (Oxford: Clarendon Press, 1951); N. Tin- bergen, "The Curious Behavior of the Stickleback," *Scientific American* 187 (1952): 22–26.

11 K. Lorenz, "Vergleichende Bewegungsstudien an Anatiden," *Journal fur Or- nithologie* 89 (1941): 194–293; K. Lorenz, *King Solomon' s Ring*, trans. Majorie Kerr Wilson (London: Methuen, 1961). Original in German is from 1949.

4

1 A. Forel, *The Social World of the Ants as Compared to Man*, vol. 1 (New York: Albert and Charles Boni, 1929), 469.

2 T. Nishida and W. Wallauer, "Leaf-Pile Pulling: An Unusual Play Pattern in Wild Chimpanzees," *American Journal of Primatology* 60 (2003): 167–173.

3 A. Thornton and K. McAuliffe, "Teaching in Wild Meerkats," *Science* 313 (2006): 227–229.

4 B. Heinrich and T. Bugnyar, "Just How Smart Are Ravens?" *Scientific American* 296 (2007): 64–71; B. Heinrich and R. Smokler, "Play in Common Ravens (*Corvus corax*)," in *Animal Play: Evolutionary, Comparative and Ecological Per- spective*, ed. M. Bekoff and J. Byers (Cambridge: Cambridge University Press, 1998), 27–44; B. Heinrich, "Neophilia and Exploration in Juvenile Common Ravens, *Corvus corax*," *Animal Behaviour* 50 (1995): 695–704.

5 L. Trut, "A Long Life of Ideas," in *Dmitry Konstantinovich Belyaev*, 89–93.

6 D. Belyaev, A. Ruvinsky, and L. Trut, "Inherited Activation-Inactivation of the Star Gene in Foxes: Its Bearing on the Problem of Domestication," *Journal of Heredity* 72 (1981): 267–274.

7 Thirty-five percent of the variation observed was due to genetic variation: L. Trut and D. Belyaev, "The Role of Behavior in the Regulation of the Repro- ductive Function in Some Representatives of the Canidae Family," in *Vie Con- gres International de Reproduction et Insemination Artificielle* (Paris: Thibault, 1969), 1677–1680; L. Trut, "Early Canid Domestication: The Farm-Fox Exper- iment," *American Scientist* 87 (1999): 160–169.

8 F. Albert et al., "Phenotypic Differences in Behavior, Physiology and Neuro- chemistry between Rats Selected for Tameness and for Defensive Aggression towards Humans," *Hormones and Behavior* 53 (2008): 413–421.

9 Svetlana Gogolova, email interview with authors.

10 Natasha Vasilevskaya, interview with authors, January 2012.

11 Aubrey Manning, Skype interview with authors.

12 Aubrey Manning, Skype interview with authors.

13 People such as John Fentress, J. P. Scott, Bert Hölldobler, Patrick Bateson, Klaus Immelman, and Robert Hinde.

14 Bert Hölldobler, Skype interview with authors. Hölldobler attended the 1971 meeting.

15 D. Belyaev, "Domestication: Plant and Animal," in *Encyclopedia Britannica*, vol. 5 (Chicago: Encyclopedia Britannica, 1974): 936–942.

16 R. Levins, "Genetics and Hunger," *Genetics* 78 (1974): 67–76; G. S. Stent, "Di- lemma of Science and Morals," *Genetics* 78 (1974): 41–51.

17 *Genetics* 79 (June 1975 supplement): 5.

18 S. Argutinskaya, "D. K. Belyaev, 1917–1985, from the First Steps to Found- ing the Institute of Cytology and Genetics of Siberian Branch of the Russian Academy of Sciences of USSR (ICGSBRAS)," *Genetika* 33 (1997): 1030– 1043.

5

1 P. McConnell, *For the Love of a Dog* (New York: Ballantine, 2007).

2 A. Horowitz, "Disambiguating the 'Guilty Look': Salient Prompts to a Famil- iar Dog Behavior," *Behavioural Processes* 81 (2009): 447–452; C. Darwin, *The Expression of Emotions in Man and Animals* (London: J. Murray, 1872); K. Lo- renz, *Man Meets Dog* (Methuen: London, 1954); H. E. Whitely, *Understanding and Training Your Dog or Puppy* (Santa Fe: Sunstone, 2006); D. Cheney and R. Seyfarth, *Baboon Metaphysics: The Evolution of a Social Mind* (Chicago: Uni- versity of Chicago Press, 2007); F. De Waal, *Good Natured: The Origins of Right and Wrong in Humans and Other Animals* (Cambridge: Harvard University Press, 1997).

3 A. Horowitz, "Disambiguating the 'Guilty Look.'"

4 J. van Lawick-Goodall and H. van Lawick, *In the Shadow of Man* (New York: Houghton-Mifflin, 1971).

5 P. Miller, "Crusading for Chimps and Humans," National Geographic website, December 1995, http://s.ngm.com/1995/12/jane-goodall/goodall-text/1.

6

1 A. Miklosi, *Dog Behaviour, Evolution, and Cognition* (Oxford: Oxford Univer- sity Press, 2014).

2 M. Zeder, "Domestication and Early Agriculture in the Mediterranean Basin: Origins, Diffusion, and Impact," *Proceedings of the National Academy of Sciences* 15 (2008): 11587–11604; "Domestication Timeline," American Museum of Nat- ural History website, http://www.amnh.org/exhibitions/past-exhibitions/horse/domesticating-horses/domestication-timeline.

3 M. Deer, "From the Cave to the Kennel," Wall Street Journal website, Oc- tober 29, 2011, http://www.wsj.com/articles/SB10001424052970203554104577001843790269560.

4 M. Germonpre et al., "Fossil Dogs and Wolves from Palaeolithic Sites in Bel- gium, the Ukraine and Russia: Osteometry, Ancient DNA and Stable Iso- topes," *Journal of Archaeological Science* 36 (2009): 473–490.

5 E. Axelsson et al., "The Genomic Signature of Dog Domestication Reveals Adaptation to a Starch-Rich Diet," *Nature* 495 (2013): 360–364.

6 R. Bridges, "Neuroendocrine Regulation of Maternal Behavior," *Frontiers in Neuroendocrinology* 36 (2015): 178–196; R. Feldman, "The Adaptive Human Parental Brain: Implications for Children's Social Development," *Trends in Neurosciences* 38 (2015): 387–399; J. Rilling and L. Young, "The Biology of Mammalian Parenting and Its Effect on Offspring Social Development," *Sci- ence* 345 (2014): 771–776.

7 S. Kim et al., "Maternal Oxytocin Response Predicts Mother-to-Infant Gaze," *Brain Research* 1580 (2014):133–142; S. Dickstein et al., "Social Referencing and the Security of Attachment," *Infant Behavior & Development* 7 (1984): 507–516.

8 J. Odendaal and R. Meintjes, "Neurophysiological Correlates of Affiliative Be- haviour between Humans and Dogs," *Veterinary Journal* 165 (2003): 296–301; S. Mitsui et al., "Urinary Oxytocin as a Noninvasive Biomarker of Positive Emotion in Dogs," *Hormones and Behavior* 60 (2011): 239–243.

9 M. Nagasawa et al., "Oxytocin-Gaze Positive Loop and the Coevolution of Human-Dog Bonds"; M. Nagasawa et al., "Dog's Gaze at Its Owner Increases Owner's Urinary Oxytocin during Social Interaction," *Hormones and Behavior* 55 (2009): 434–441.

10 The name *serotonin* was not adopted until later.

11 G. Z. Wang et al., "The Genomics of Selection in Dogs and the Parallel Evolution between Dogs and Humans," *Nature Communications* 4 (2013), DOI:10.1038/ncomms2814.

12 Descartes in a letter dated January 29, 1640; see Descartes's *View of the Pineal Gland* in "The Stanford Encyclopedia of Philosophy," http://plato.stanford.edu/entries/pineal-gland/#2.

13 Larissa Kolesnikova, phone interview with authors.

14 Larissa Kolesnikova, phone interview with authors.

15 L. Kolesnikova et al., "Changes in Morphology of Silver Fox Pineal Gland at Domestication," *Zhurnal Obshchei Biologii* 49 (1988): 487–492; L. Kolesnikova et al., "Circadian Dynamics of Biochemical Activity in the Epiphysis of Silver- Black Foxes," *Izvestiya Akademii Nauk Seriya Biologicheskaya* (May-June 1997): 380–384; L. Kolesnikova, "Characteristics of the Circadian Rhythm of Pi- neal Gland Biosynthetic Activity in Relatively Wild and Domesticated Silver Foxes," *Genetika* 33 (1997): 1144–1148; L. Kolesnikova et al., "The Melatonin Content of the Tissues of Relatively Wild and Domesticated Silver Foxes *Vul- pes fulvus*," *Zhurnal Evoliutsionnoĭ Biokhimii i Fiziologii* 29 (1993): 482–496.

16 John Scandalious, phone interview with authors.

17 N. Tsitsin, "Presidential Address: The Present State and Prospects of Genet- ics," in *XIV International Congress of Genetics*, ed. D. K. Belyaev, vol. 1 (Mos- cow: MIR Publishers, 1978), 20.

18 Penelope Scandalious's journal, personal communication with authors.

19 M. King and A. Wilson, "Evolution in Two Levels in Humans and Chimpan- zees," *Science* 188 (1975): 107–116; when it came to gene expression and muta- tion, they were referring to changes associated with point mutations.

20 Aubrey Manning, Skype interview with authors.

21 Aubrey Manning, Skype interview with authors.

7

1 L. Mech and L. Boitani, eds., *Wolves: Behavior, Ecology, and Conservation* (Chi- cago: University of Chicago Press, 2007).

2 J. Goodall to W. Schleidt, as cited in "Co-evolution of Humans and Canids," *Evolution and Cognition* 9 (2003): 57–72.

3 L. S. B. Leakey, "A New Fossil from Olduvai," *Nature* 184 (1959): 491–494.

4 A multiregional theory of human evolution that is still championed by some today, with heated debate between them and the dominant "Out of Africa" camp of the research community. The multiregional hypothesis posits that *Homo erectus* left Africa and colonized the Old World a single time, nearly 2 million years ago, then *H. erectus* populations diverged from one another, then over the past 2 million years, these loosely associated populations to- gether evolved into modern humans. The out-of-Africa hypothesis posits that hominins experienced two major waves out of Africa, colonizing first as *Homo erectus* about 2 million years ago, and then as *Homo sapiens* approximately 100,000 years ago. Modern *Homo sapiens* emerged in Africa, and in the sec- ond wave of colonization, the pre-modern hominins of Europe and Asia, such as *Homo erectus* and *Homo neanderthalensis*, were replaced by *Homo sapiens*. Modified from C. Bergstrom and L. Dugatkin, *Evolution* (New York: W. W. Norton, 2012).

5 Later to 3.2 million years ago.

6 D. K. Belyaev, "On Some Factors in the Evolution of Hominids," *Voprosy Fi- losofii* 8 (1981): 69–77; D. K. Belyaev, "Genetics, Society and Personality," in *Genetics: New Frontiers: Proceedings of the XV International Congress of Genetics*, ed. V. Chopra (New York: Oxford University Press, 1984), 379–386.

7 But now is dated between 1.5 and 2 million years ago.

8 D. K. Belyaev, "On Some Factors in the Evolution of Hominids."

9 D. K. Belyaev, "Genetics, Society and Personality."

10 The notion of human self-domestication had been mentioned on occasion before Belyaev, but not in a systematic or detailed manner. W. Bagehot, *Physics and Politics or Thoughts on the Application of the Principles of "Natural Selection" and "Inheritance" to Political Society* (London: Kegan Paul, Trench and Trub- ner, 1905). In addition, subsequently, self-domestication of humans has been used to describe a process that is quite different from what Belyaev was dis-cussing: P. Wilson, *The Domestication of the Human Species* (New Haven: Yale University Press, 1991).

11 B. Hare, V. Wobber, and R. Wrangham, "The Self-Domestication Hypothesis: Evolution of Bonobo Psychology Is Due to Selection against Aggression," *An- imal Behaviour* 83 (2012): 573–585. Related papers include B. Hare et al., "Tol-erance Allows Bonobos to Outperform Chimpanzees on a Cooperative Task," *Current Biology* 17 (2007): 619–623; V. Wobber, R. Wrangham, and B. Hare, "Bonobos Exhibit Delayed Development of Social Behavior and Cognition Relative to Chimpanzees," *Current Biology* 20 (2010): 226–230; V. Wobber, R. Wrangham, and B. Hare, "Application of the Heterochrony Framework to the Study of Behavior and Cognition," *Communicative and Integrative Biology* 3 (2010): 337–339; R. Cieri et al., "Craniofacial Feminization, Social Tolerance, and the Origins of Behavioral Modernity," *Current Anthropology* 55 (2014): 419–443.

12 D. Quammen, "The Left Bank Ape," National Geographic website, March 2013, http://ngm.nationalgeographic.com/2013/03/125-bonobos/quammen-text.

13 For a map of what this looks like see: http://mappery.com/map-of/African-Great-Apes-Habitat-Range-Map.

14 J. Rilling et al., "Differences between Chimpanzees and Bonobos in Neural Systems Supporting Social Cognition," *Social Cognitive and Affective Neuro- science* 7 (2012): 369–379.

15 There is also some evidence that changes associated with self-domestication in bonobos are driven by changes in the expression and timing of regulatory genes associated with the stress hormone system, just as Belyaev thought. The exact role of gene regulation across domesticated species is still unclear: F. Albert et al., "A Comparison of Brain Gene Expression Levels in Domes- ticated and Wild Animals," *PLOS Genetics* 8 (2012); Hare et al., in "The Self- Domestication Hypothesis." Note: "An alternative evolutionary scenario to the self-domestication hypothesis is that the observed behavioural differences are due to selection for severe aggression in chimpanzees from a bonobo-like ancestor. Equally, both *Pan* species could in theory be highly derived from a common ancestor that possessed a mosaic of traits seen in both species. The ontogeny of the bonobo skull argues

against these ideas. During growth, chimpanzee skulls follow closely the ontogenetic pattern of their more dis- tant relative, gorillas, *Gorilla gorilla* . . . , whereas the bonobo cranium remains small and juvenilized compared not only to chimpanzees but also to all other great apes, including australopithecines."

16 P. Borodin, "Understanding the Person," in *Dmitry Konstantinovich Belyaev*, 2002.

17 Nikolai Belyaev, Skype interview with authors.

18 Misha Belyaev, interview with authors.

19 Misha Belyaev, interview with authors.

20 Kogan in *Dmitry Konstantinovich Belyaev*, 2002.

21 D. Belyaev, "I Believe in the Goodness of Human Nature: Final Interview with the Late D. K. Belyaev," *Voprosy Filosofii* 8 (1986): 93–94.

8

1 A. Miklosi, *Dog Behavior, Evolution, and Cognition*.

2 By reducing activity of the adrenal cortex.

3 I. Plyusnina, I. Oskina, and L. Trut, "An Analysis of Fear and Aggression during Early Development of Behavior in Silver Foxes (*Vulpes vulpes*)," *Ap- plied Animal Behaviour Science* 32 (1991): 253–268.

4 N. Popova, N. Voitenko, and L. Trut, "Change in Serotonin and 5-oxyindoleacetic Acid Content in Brain in Selection of Silver Foxes according to Behavior," *Doklady Akademii Nauk SSSR* 223 (1975): 1498–1500; N. Popova et al., "Genetics and Phenogenetics of Hormonal Characteristics in Animals. 7. Relationships between Brain Serotonin and Hypothalamo-pituitary- adrenal Axis in Emotional Stress in Domesticated and Non-domesticated Sil- ver Foxes," *Genetika* 16 (1980): 1865–1870.

5 More precisely, they injected foxes with L-tryptophan, a chemical precursor to serotonin.

6 A. Chiodo and M. Owyang, "A Case Study of a Currency Crisis: The Rus- sian Default of 1998," Federal Reserve Bank of St. Louis *Review* (November/ December 2002): 7–18.

7 L. Trut, "Early Canid Domestication," 168.

8 Letter from John McGrew to Lyudmila Trut.

9 Letter from Charles and Karen Townsend to Lyudmila Trut.

10 *New York Times*, February 23, 1997.

11 A nice timeline of these events can be found at the National Human Genome Research Institute website: http://unlockinglifescode.org/timeline?tid=4.

9

1 C. Rutz and J. H. St. Clair, "The Evolutionary Origins and Ecological Context of Tool Use in New Caledonian Crows," *Behavioural Process* 89 (2013): 153–165.

2 B. Klump et al., "Context-Dependent 'Safekeeping' of Foraging Tools in New Caledonian Crows," *Proceedings of the Royal Society B* 282 (2015), DOI:10.1098/ rspb.2015.0278.

3 V. Pravosudovand and T. C. Roth, "Cognitive Ecology of Food Hoarding: The Evolution of Spatial Memory and the Hippocampus," *Annual Review of Ecol- ogy, Evolution, and Systematics* 44 (2013): 173–193.

4 J. Dally et al., "Food-Caching Western Scrub-Jays Keep Track of Who Was Watching When," *Science* 312 (2006): 1662–

1665.

5 M. Wittlinger et al., "The Ant Odometer: Stepping on Stilts and Stumps," *Sci- ence* 312 (2006): 1965–1967; M. Wittlinger et al., "The Desert Ant Odometer: A Stride Integrator that Accounts for Stride Length and Walking Speed," *Journal of Experimental Biology* 210 (2007): 198–207.

6 B. Hare et al., "The Domestication of Social Cognition in Dogs," *Science* 298 (202):1634–1636. Hare did his dissertation work as a student of Richard Wrangham. His PhD dissertation was entitled "Using Comparative Studies of Primate and Canid Social Cognition to Model Our Miocene Minds" (Harvard University, 2004).

7 S. Zuckerman, *The Social Life of Monkeys and Apes* (New York: Harcourt Brace, 1932).

8 G. Schino, "Grooming and Agonistic Support: A Meta-analysis of Primate Reciprocal Altruism," *Behavioral Ecology* 18 (2007): 115–120; E. Stammbach, "Group Responses to Specially Skilled Individuals in a *Macaca fascicularis* group," *Behaviour* 107 (1988): 687–705; F. de Waal, "Food Sharing and Recip- rocal Obligations among Chimpanzees," *Human Evolution* 18 (1989): 433–459.

9 A. Harcourt and F. de Waal, eds., *Coalitions and Alliances in Humans and Other Animals* (Oxford: Oxford University, 1992).

10 C. Packer, "Reciprocal Altruism in *Papio anubis*," *Nature* 265 (1977): 441–443.

11 D. Cheney and R. Seyfarth, *How Monkeys See the World* (Chicago: University of Chicago, 1990).

12 Hare's own work on this subject includes Hare et al., "The Domestication of Social Cognition"; M. Tomasello, B. Hare, and T. Fogleman, "The Ontogeny of Gaze Following in Chimpanzees, *Pan troglodytes*, and Rhesus Macaques, *Macaca mulatta*," *Animal Behaviour* 61 (2001): 335–343; S. Itakura et al., "Chim- panzee Use of Human and Conspecific Social Cues to Locate Hidden Food," *Developmental Science* 2 (1999): 448–456; M. Tomasello, B. Hare, and B. Ag- netta, "Chimpanzees, *Pan troglodytes*, Follow Gaze Direction Geometrically," *Animal Behaviour* 58 (1999): 769–777; B. Hare and M. Tomasello, "Domestic Dogs (*Canis familiaris*) Use Human and Conspecific Social Cues to Locate Hidden Food," *Journal of Comparative Psychology* 113 (1999): 173–177; M. To- masello, J. Call, and B. Hare, "Five Primate Species Follow the Visual Gaze of Conspecifics," *Animal Behaviour* 55 (1998): 1063–1069.

13 A. Miklosi et al., "Use of Experimenter-Given Cues in Dogs," *Animal Cogni- tion* 1 (1998): 113–121; A. Miklosi et al., "Intentional Behaviour in Dog-Human Communication: An Experimental Analysis of Showing Behaviour in the Dog," *Animal Cognition* 3 (2000): 159–166; K. Soproni et al., "Dogs' (*Canis fa- miliaris*) Responsiveness to Human Pointing Gestures," *Journal of Comparative Psychology* 116 (2002): 27–34.

14 There is an ongoing debate about wolves' ability on such tests: A. Miklosi et al., "A Simple Reason for a Big Difference"; A. Miklosi and K. Soproni, "A Com- parative Analysis of Animals' Understanding of the Human Pointing Gesture," *Animal Cognition* 9 (2006): 81–93; M. Udell et al., "Wolves Outperform Dogs in Following Human Social Cues," *Animal Behaviour* 76 (2008): 1767–1773; C. Wynne, M. Udell, and K. A. Lord, "Ontogeny's

Impacts on Human-Dog Communication," *Animal Behaviour* 76 (2008): E1–E4; J. Topal et al., "Dif- ferential Sensitivity to Human Communication in Dogs, Wolves, and Human Infants," *Science* 325 (2009): 1269–1272; M. Gacsi et al., "Explaining Dog/Wolf Differences in Utilizing Human Pointing Gestures: Selection for Synergistic Shifts in the Development of Some Social Skills," *PLOS ONE* 4 (2009), DOI .org/10.1371/journal.pone.0006584; B. Hare et al., "The Domestication Hy- pothesis for Dogs' Skills with Human Communication: A Response to Udell et al. (2008) and Wynne et al. (2008)," *Animal Behaviour* 79 (2010): E1–E6.

15 B. Hare, "The Domestication of Social Cognition in Dogs."

16 Brian Hare, Skype interview with authors.

17 B. Hare and V. Woods, *The Genius of Dogs* (New York: Plume, 2013), 78–79.

18 B. Hare et al., "Social Cognitive Evolution in Captive Foxes Is a Correlated By- product of Experimental Domestication," *Current Biology* 15 (2005): 226–230.

19 Other experiments were done to make sure that the foxes were not picking up olfactory cues from the hidden food.

20 Brian Hare, Skype interview with authors.

21 Forty-three tame fox pups and thirty-two control fox pups.

22 It wasn't just that control foxes were scared and uncomfortable near humans compared to tame foxes. At Brian's instruction his assistant Natalie had spent extra time with control foxes before the experiment to see to that and they ran additional experiments to be certain that was not a confounding factor.

23 Hare and Woods, 87–88.

24 Irena Mukhamedshina, interview with authors.

25 R. Seyfarth, "Vervet Monkey Alarm Calls: Semantic Communication in a Free-Ranging Primate," *Animal Behaviour* 28 (1980): 1070–1094.

26 Volodin has studied communication in everything from cranes and ground squirrels to dogs and striped possums.

27 Sveta Gogoleva, email interview with authors.

28 S. Gogoleva et al., "To Bark or Not to Bark: Vocalizations by Red Foxes Se- lected for Tameness or Aggressiveness toward Humans," *Bioacoustics* 18 (2008): 99–132.

29 S. Gogoleva et al., "Explosive Vocal Activity for Attracting Human Attention Is Related to Domestication in Silver Fox," *Behavioural Processes* 86 (2010): 216–221.

10

1 They also used microsatellite markers.

2 A. Kukekova et al., "A Marker Set for Construction of a Genetic Map of the Silver Fox (*Vulpes vulpes*)," *Journal of Heredity* 95 (2004): 185–194; A. Grapho- datsky et al., "The Proto-oncogene C-KIT Maps to Canid B-Chromosomes," *Chromosome Research* 13 (2005): 113–122.

3 320 loci. A. Kukekova et al., "A Meiotic Linkage Map of the Silver Fox, Aligned and Compared to the Canine Genome," *Genome Research* 17 (2007): 387–399.

4 They also compared what they had found to the genomic map of the dog. Here, what they learned was that the difference between the 17 chromosomes found in the silver fox, and the 39 typically found in dogs, was the result of var- ious genetic fusion events. Most fox chromosomes were made up of chunks of more

than one dog chromosome.

5 National Institute of Mental Health, Molecular Mechanisms of Social Behav- ior, MH0077811, 08/01/07–07/31/11; National Institute of Mental Health, Molecular Genetics of Tame Behavior MH069688, 04/01/04–03/31/07.

6 K. Chase et al., "Genetic Basis for Systems of Skeletal Quantitative Traits: Principal Component Analysis of the Canid Skeleton," *Proceedings of the Na- tional Academy of Sciences of the United States of America* 99 (2002): 9930–9935; D. Carrier, K. Chase, and K. Lark, "Genetics of Canid Skeletal Variation: Size and Shape of the Pelvis," *Genome Research* 15 (2005): 1825–1830.

7 K. Chase et al., "Genetic Basis for Systems of Skeletal Quantitative Traits"; L. Trut et al., "Morphology and Behavior: Are They Coupled at the Ge- nome Level?" in *The Dog and Its Genome*, ed. E. A. Ostrander, U. Giger, and K. Lindblad-Toh (Woodbury, NY: Cold Spring Harbor Laboratory Press, 2005), 81–93.

8 Using mathematical models developed by geneticists, Anna and Lyudmila constructed a very specific breeding protocol that involved mating tame and aggressive foxes with each other over the course of three generations, so that the molecular genetic analysis would have the maximum power to locate any genes associated with tame behavior; A. Kukekova et al., "Measurement of Segregating Behaviors in Experimental Silver Fox Pedigrees," *Behavior Genet- ics* 38 (2008): 185–194.

9 A. Kukekova et al., "Sequence Comparison of Prefrontal Cortical Brain Tran- scriptome from a Tame and an Aggressive Silver Fox (*Vulpes vulpes*)," *BMC Genomics* 12 (2011): 482, DOI:10.1186/1471-2164-12-482. Preliminary work done here includes J. Lindberg et al., "Selection for Tameness Modulates the Expression of Heme Related Genes in Silver Foxes," *Behavioral and Brain Functions* 3 (2007), DOI:10.1186/1744-9081-3-18; J. Lindberg et al., "Selection for Tameness Has Changed Brain Gene Expression in Silver Foxes," *Current Biology* 15 (2005): R915–R916.

10 Back in his day, Belyaev had suggested something else about gene expression and domestication. He proposed that large clusters of genes whose expression affects the process of domestication might themselves be under the control of a select few "master regulatory genes." If correct, these master regulatory genes might then control many of the changes that have emerged during fox domestication—changes in behavior, coat color, hormone level, bone length and width, and so on—all at once. Lyudmila and Anna know that finding these master regulatory genes, should they even exist, is years off in the future. But, when it comes to her beloved foxes, Lyudmila has become something of an expert on planning for things that seem far, far off in the future. If they could eventually find these master regulatory genes that control gene expres- sion in clusters of other genes, and sequence them, Lyudmila believes that the fox team might just tap into "control [of] the entire domestication process."

11 The genes were *SOX6* and *PROM1*: F. Albert et al., "A Comparison of Brain Gene Expression Levels in Domesticated and Wild Animals," *PLOS Genetics* 8 (2012), doi.org/10.1371/journal.pgen.1002962.

12 M. Carneiro et al., "Rabbit Genome Analysis Reveals a Polygenic Basis for Phenotypic Change during Domestication," *Science* 345 (2014): 1074–1079.

13 A. Wilkins, R. Wrangham, and T. Fitch, "The 'Domestication Syndrome' in Mammals: A Unified Explanation Based on Neural Crest Cell Behavior and Genetics," *Genetics* 197 (2014): 795–808.

14 Letter from Rene and Mitchell to Lyudmila Trut.

15 Letter from Moiseev Dmitry to Lyudmila Trut.

キツネを飼いならす
知られざる生物学者と驚くべき家畜化実験の物語

著　者　リー・アラン・ダガトキン＋リュドミラ・トルート
訳　者　高里ひろ

2023年11月25日　第一刷印刷
2023年12月10日　第一刷発行

発行者　清水一人
発行所　青土社

〒101-0051　東京都千代田区神田神保町1-29　市瀬ビル
［電話］03-3291-9831（編集）　03-3294-7829（営業）
［振替］00190-7-192955

印刷・製本　シナノ
装丁　大倉真一郎

ISBN978-4-7917-7592-7　Printed in Japan